SCHLOSS EINSTEIN – ALBERTS ENKEL

Simon Hauser

SCHLOSS EINSTEIN

$E = m \cdot c^2$

Alberts Enkel

vgs

Die Deutsche Bibliothek – CIP-Einheitsaufnahme

Hauser, Simon:
Schloss Einstein / Simon Hauser. – Köln : vgs
Alberts Enkel. – 2000
ISBN 3-8025-2717-8

Das Buch „Schloss Einstein – Alberts Enkel" entstand nach der gleichnamigen Kinderkanal-Fernsehserie, produziert von ASKANIA MEDIA/BAVARIA MEDIA im Auftrag der ARD unter Federführung des WDR und des MDR für den Kinderkanal und Das Erste. Herausgeber: Dieter Saldecki und Christa Streiber.

Romanfassung: Kurt-Jürgen Heering
Produktion: Annette Hillig
Umschlaggestaltung: Alex Ziegler, Köln
Titelfoto: © WDR/MDR
Satz: Greiner & Reichel, Köln
Druck: Clausen & Bosse, Leck
Printed in Germany
ISBN: 3-8025-2717-8

Besucht unsere Homepages im WWW:
http://www.vgs.de/TeenZone
http://www.kinderkanal.de
http://www.schloss-einstein.de

Inhalt

„... oder ist dir Papa lieber?"

Es war kalt. Bitterkalt. Durch die Bäume pfiff ein rauer, eisiger Wind. Am Himmel hingen schwere graue Wolken, der erste Schnee würde nicht mehr lange auf sich warten lassen. Und die Tage wurden immer kürzer. Es war noch nicht einmal 18 Uhr, doch der Park von Schloss Seelitz lag fast schon in vollständigem Dunkel.

Emanuel Stollberg kreuzte die Arme über seinem dicken Wintermantel und rieb sich die Schultern. Sollte er seine Runde am Seeufer entlang fortsetzen und erst am Ortsrand von Seelitz den Weg zurück zum Internat einschlagen? So, wie er es fast jeden Abend tat? Oder war dieses ungemütliche Wetter Grund genug, das abendliche Ritual vorzeitig abzubrechen?

Einen Augenblick lang rang er mit sich selbst. Dann siegte der innere Schweinehund. Oder einfach die Sehnsucht nach seinem gemütlichen, warmen Büro. Stollberg machte auf halber Strecke kehrt. Keine zehn Minuten später betrat er das Foyer des kleinen Schlosses, in dem seit knapp dreieinhalb Jahren das „Albert-Einstein-Gymnasium" mit angeschlossenem Internat untergebracht war. *Seine* Schule. Und – vielleicht – sein Lebenswerk.

Während der Direktor seinen Mantel auszog und an die Garderobe hing, schaute er sich irritiert um. Für diese frühe Abendstunde war es ungewöhnlich still. Dann fiel ihm ein, dass morgen ein besonderes Ereignis ins Haus stand – das große Basketballspiel zwischen seinen Zöglingen und den Dorfkindern. Wahrscheinlich waren die Schüler in der Turnhalle und trainierten eifrig. Und diejenigen, die nicht zum Team gehörten, schauten zu und feuerten ihre Kameraden kräftig an. Schließlich war dieser Wettkampf nicht einfach nur ein Spiel. Obwohl sich die Lage seit den Sommerferien deutlich entspannt hatte, herrschte noch immer eine große Rivalität zwischen den Internatsschülern und den Einheimischen. Und so betrachteten beide Seiten dieses Match auch als eine „Frage der Ehre".

Inzwischen war Dr. Stollberg vor der Tür zu seinem Büro angekommen und wollte sie gerade öffnen, als er plötzlich glaubte, verdächtige Geräusche zu hören. Ein leises Knarren, das ihm nur zu vertraut war. Das Knarren seiner Schreibtischschublade. Um sicherzugehen, dass er sich nicht getäuscht hatte, verharrte er einige Sekunden reglos auf der Stelle und lauschte. Zunächst blieb alles ruhig, doch dann hörte Stollberg ein leises Rascheln. Kein Zweifel, irgendjemand befand sich im Büro und stöberte in seinen Unterlagen herum.

Kurz entschlossen öffnete der Direktor die Tür und trat mit energischen Schritten in den Raum. Er zwinkerte, um sich an das Zwielicht zu gewöhnen. Denn das geräumige Büro wurde nur schwach von einer alten Schreibtischlampe erleuchtet. Dann erkannte er, wer sich hier heimlich Zutritt verschafft hatte: Es war keiner seiner Schüler, der womöglich die Aufgaben der nächsten Klassenarbeit ausspionieren wollte, sondern ein 14-jähriger Junge, der im Internat zu Gast war.

Vor eineinhalb Wochen hatte sich dieser Paul Meyer bei Dr. Stollberg angemeldet. Er nahm an einem Schülerwettbewerb der Brandenburgischen Allgemeinen Zeitung teil und hatte sich als Thema eine Reportage über den Alltag in einem Internat ausgesucht. „24 Stunden auf Schloss Einstein" sollte der reißerische Titel seines Beitrags lauten. Heute früh war der Schlaks, der Stollberg bereits um mindestens einen Kopf überragte, im Schloss aufgetaucht und hatte sofort für heftigen Wirbel gesorgt. Einige Mädchen der Sechs waren regelrecht aus dem Häuschen und ließen nichts unversucht, um die Aufmerksamkeit des Besuchers zu erregen. Allerdings war nicht ganz klar, ob sie Paul allein wegen seiner schulterlangen blonden Haare so „unglaublich süß“ fanden. Denn der Reporter hantierte unablässig mit seiner Nikon-Kamera herum und ließ nicht nur Andrea und Iris davon träumen, demnächst auf der Titelseite eines Hochglanzmagazins zu erscheinen.

Allmählich erholte sich Stollberg von seinem Schreck. Er musterte den Eindringling mit strenger Miene, bemühte sich aber, ruhig zu bleiben.

„Ich habe ja nichts gegen gründliche Recherche“, brachte er schließlich mit leicht zitternder Stimme hervor. „Aber es gibt auch so etwas wie den Schutz der Intimsphäre.“

Er legte eine Pause ein und wartete auf eine Reaktion. Doch Paul Meyer verharrte starr auf seinem Platz und umklammerte ein kleines Foto, das er aus den privaten Dokumenten des Direktors herausgefischt hatte. Stollberg hatte das Empfinden, der Junge würde ihn belauern. Für einen kurzen Moment glaubte er sogar, ein ironisches Lächeln auf seinen Lippen zu erkennen.

„Die Grenze zwischen Recherche und Verletzung der Intimsphäre hast du jedenfalls eindeutig überschritten“, fuhr Stollberg nun fort. „Und damit, denke ich, sind nicht nur deine Recherchen, sondern auch dein Aufenthalt auf Schloss Einstein beendet. Bevor du abreist, erwarte ich allerdings eine Erklärung für dein befremdliches Verhalten.“

Es dauerte eine kleine Ewigkeit, bis der Ertappte aus seiner Lethargie erwachte. Dann hievte er sich aus dem Stuhl, betrachtete nochmals das entwendete Foto und grinste Dr. Stollberg unangemessen fröhlich an. „Ich wusste gar nicht, dass du ein Bild von mir hast … Vater!“

„Vater?“ Der Direktor war wie vom Blitz getroffen. „Was soll das heißen? Ich verstehe nicht …“

„Na, Vater eben.“ Paul lachte gequält. Allem Anschein nach stand sein Erzeuger auf der langen Leitung. „Oder ist dir Papa lieber? Oder Dad? Oder vielleicht Alter?“

„Du bist … Pascal?“

„Na endlich! Bingo. Pascal Merten. Dein Sohn.“

Richtig begreifen konnte Emanuel Stollberg noch immer nicht, was hier ablief. Doch allmählich setzte sich das Puzzle zusammen. Im Nachhinein ergaben nun auch die neugierigen Erkundigungen nach seinem Privatleben einen Sinn, die der junge Journalist ihm gleich nach seiner Ankunft gestellt hatte. Vor allem die Frage, ob er selbst Kinder habe, hatte Dr. Stollberg sehr irritiert. Für eine Reportage über den Alltag auf Schloss Einstein war diese Information völlig ohne Belang. Deshalb hatte er sich vor einer eindeutigen Antwort gedrückt.

Pascal blickte seinen Vater erwartungsvoll an, doch der wirkte hilflos, völlig überfordert. Nervös fuhr er mit den Fingern durch seine grauen Stoppelhaare und suchte fieberhaft nach Worten.

„Wie bist du überhaupt hierher gekommen?“, fragte er schließlich, um das quälende Schweigen zu beenden.

„Mit der Bahn bis Potsdam und dann weiter mit dem Bus.“

„Ja, klar doch …“ Stollberg wand sich unbehaglich. Natürlich hatte er eine ganz andere Antwort hören wollen. Aber wer dumm fragt, muss eben auch mit dummen Antworten rechnen. Oder mit frechen. „Ich meine … deine Mutter … Hat sie dir gesagt, wo ich bin?“

„Soll das ein Witz sein?“ Pascal machte eine wegwerfende Handbewegung. „Sie hat mir die ganze Zeit erzählt, mein Vater würde in Amerika leben. Nur wüsste sie leider nicht wo.“

„Und wie hast du mich dann gefunden?“

„Zum Teufel noch mal, ist das denn so wichtig?“ Pascal wurde langsam wütend. Auch wenn er nicht sagen konnte, was für eine Art von Begrüßung er erwartet hatte, ging ihm dieser sachliche Austausch von Banalitäten doch mächtig auf den Geist. „Ich hab Mom bei einem Gespräch mit einer

Freundin belauscht. Da gings auch um dich und es war nicht von Amerika die Rede. Dann hab ich einfach weiter recherchiert."

„Ah so, recherchiert ..."

„Besonders begeistert scheinst du ja nicht zu sein", bemerkte Pascal, der seine Enttäuschung nicht länger verbergen konnte.

Etwas linkisch ging Stollberg auf den Jungen zu und machte Anstalten, ihn zu umarmen. Doch im letzten Augenblick zuckte er zurück und beließ es bei einem leichten Tätscheln der Schulter. „Weißt du, ich bin einfach nur überrascht. Das kommt alles sehr unerwartet."

„Bist du geschockt?" Pascal beäugte seinen Vater argwöhnisch, als versuche er, seine Gedanken zu lesen. „Passt es dir nicht, dass ich hier bin?"

„Doch. Natürlich. Aber ... mein Sohn, was nun?"

Pascal seufzte. „Also, wenn du mich fragst: Ich würde gern hier bleiben und dich kennen lernen."

„Weißt du", sprach Stollberg mehr zu sich selbst, „ich habe oft an dich gedacht. Mich gefragt, wie du wohl aussiehst und was du so machst ..." Erst jetzt schienen Pascals letzte Worte in sein Bewusstsein zu dringen. „Du willst bei mir bleiben? Und Lou? Ich meine, deine Mutter ... Was sagt sie dazu? Weiß sie überhaupt, wo du bist?"

„Inzwischen dürfte sie's mitbekommen haben. Ich hab ihr eine Nachricht dagelassen. Sie kommt heute von einer Reportage zurück. Aber sag, sind das deine einzigen Bedenken?" Pascals leicht quengelnde Stimme bekam plötzlich einen milden, fast bittenden Unterton. „Sie hat mich 14 Jahre gehabt. Und jetzt bin ich erstmal bei dir."

Dr. Stollberg lächelte. Wie es aussah, war Pascal wild entschlossen, sich nicht gleich wieder von seinem Vater trennen zu lassen. Allerdings war die Sache nicht ganz so einfach, wie der Junge sich das vorstellte. Dafür kannte Stollberg Pascals Mutter nur zu gut, auch wenn er sie seit mehr als zehn Jahren nicht mehr gesehen hatte.

„Ich denke, ich bringe dich jetzt erst einmal auf Budhis und Marcs Zimmer. Das war ja so abgesprochen. Trotzdem muss ich deine Mutter nachher anrufen. Sie macht sich bestimmt Sorgen. Die Nummer kannst du mir sicher geben."

Pascal nahm widerstrebend einen Zettel vom Schreibtisch und kritzelte ein paar Ziffern darauf. „Lohnt es sich überhaupt, dass ich meine Klamotten auspacke?", fragte er mürrisch.

„Sicher. Nur weil ich mit Lou sprechen will ... äh, muss, heißt das noch lange nicht, dass ich dich wieder fortschicken will." Er legte aufmunternd seinen Arm um die Schulter des Jungen. „Schlaf dich erst mal richtig aus. Morgen sehen wir weiter. Kopf hoch!"

Dr. Stollberg öffnete die Tür und forderte seinen Sohn mit einer einladenden Geste auf, ihn zu begleiten. Pascal warf einen letzten Blick auf das Foto, das ihn als Zweijährigen zeigte, und schlurfte mit hängenden Schultern auf den Gang hinaus. Er wirkte bedrückt, allem Anschein nach rechnete er damit, dass seine Tage auf Schloss Einstein gezählt waren.

„Du, Pascal", sagte Stollberg, der bemerkte, wie niedergeschlagen der Junge auf einmal war, „was ich dir noch sagen wollte: Ich freu mich riesig, dass du gekommen bist."

„Heißt das ..." Pascal zögerte. „Heißt das, du möchtest, dass ich hier bleibe?"

Er blickte seinen Vater fragend, fast flehend an. Und als Dr. Stollberg nickte, machte sich vor Erleichterung ein freudiges Strahlen auf seinem blassen Gesicht breit.

Autogrammstunde

Seit Tagen hatte es auf Schloss Einstein nur ein Thema gegeben: das große Basketballmatch gegen die Dorfkids. Heute Nachmittag sollte endlich die Stunde der Wahrheit schlagen. Dennoch war an diesem Morgen in der Schülermensa von dem bevorstehenden Wettkampf kaum die Rede. Stattdessen brodelte die Gerüchteküche. Wie ein Lauffeuer verbreitete sich die Nachricht von der wahren Identität des geheimnisvollen Nachwuchsjournalisten, der gestern im Internat aufgetaucht war.

Budhi und Marc war zunächst ein gehöriger Schreck in die Glieder gefahren, als Dr. Stollberg ihnen seinen Sohn vorgestellt hatte. Die beiden hatten nämlich schon alles vorbereitet, um Paul Meyer einen 24-stündigen Aufenthalt in der Hölle zu bereiten. Auf dem Laken des Gästebettes waren Unmengen von Juckpulver verstreut, so dass der Reporter die Nacht über kein Auge zugedrückt hätte und am nächsten Morgen am ganzen Körper krebsrot gewesen wäre. Davon war er verschont geblieben, weil der Direktor ihn als seinen Sohn eingeführt hatte.

Hektisch hatten die Freunde daraufhin die Bettwäsche gewechselt und sämtliche Spuren ihres geplanten Attentats beseitigt. Währenddessen war Pascal auf Budhis Bett schon fast eingeschlafen. Doch er wurde gnadenlos aus seinem Schlummer herausgerissen. Budhi und Marc dachten gar nicht daran, ihre Neugierde zu unterdrücken, und quetschten ihren Gast aus wie eine reife Zitrone.

Als die drei weit nach Mitternacht endlich zur Ruhe kamen, hatte Pascal im Zeitraffer Bericht von seinem Leben abgelegt. Und das war aufregend genug. Wie sich herausstellte, war der 14-Jährige ziemlich in der Welt herumgekommen. Pascals Mutter, Lou Merten, war eine erfolgreiche

Journalistin, die als Auslandskorrespondentin für ein angesehenes Nachrichtenmagazin arbeitete. Schon im Kindergartenalter hatte Pascal einige Jahre in Hongkong verbracht. Zuletzt hatte er in Rio de Janeiro gelebt. Die nächste Station in Lou Mertens Karriere sollte Moskau sein, doch dorthin wollte Pascal seine Mutter nicht begleiten. Für ihn stand unverbrüchlich fest, dass er für längere Zeit auf Schloss Einstein bleiben würde.

Als der Neuankömmling zusammen mit Budhi gegen Viertel vor acht völlig verschlafen in der Mensa auftauchte, hatte Marc, der ein bisschen früher aus den Federn gekrochen war, die sensationelle Neuigkeit bereits unters Volk gebracht.

„Und er kommt jetzt direkt aus Hongkong?", fragte Alexandra neugierig nach und biss hungrig in ihr Brötchen.

„Quatsch, aus Rio", verbesserte Katharina.

„Auch falsch", sagte Marc genervt. Musste man denn alles dreimal erklären? „Jetzt kommt er aus Hamburg. Vorher war er in Rio. Und wenn du ihm mal genauer beim Quatschen zuhörst, Schwesterchen, wird vielleicht selbst dir auffallen, dass Pascal verdammt lang in Berlin gelebt hat."

Katharina zog eine Schnute. Am liebsten hätte sie ihrem Bruder eine geklebt. Ständig musste er sich aufspielen, als hätte er die Weisheit mit Löffeln gefressen.

„Aber Guppys Sohn ist er wirklich?", erkundigte sich nun Tom.

„Klar doch." Marc seufzte gelangweilt. „Die Reportermasche war doch nur ein Trick, um hier reinzukommen."

„Achtung, er kommt", warnte Katharina leise und brachte die anderen damit zum Schweigen.

Doch Pascal, der sich ans Kopfende des Tisches setzte, hatte Marcs letzte Bemerkung mitbekommen. Er nahm einen Schluck Orangensaft und schaute belustigt in die Runde.

„War doch ein super Trick, oder?", meinte er triumphierend. „Jedenfalls habt ihr Paul Meyer Dinge über meinen alten Herrn erzählt, die ihr seinem Sohn garantiert verschwiegen hättet. Stimmt's oder hab ich Recht?"

„Hey, Herr Ober", wandte sich Marc an Budhi, der gerade einen Teller mit Wurst vor Pascal abstellte. „Eine Limo bitte."

Budhi warf seinem Spezi einen wütenden Blick zu und setzte sich ebenfalls. „Ha ha, sehr komisch."

„Wie ist denn Stollberg so als Vater?", erkundigte sich Katharina.

„Frag mich mal was Leichteres." Pascal legte das Brötchen, von dem er gerade abbeißen wollte, wieder auf den Teller zurück und schaute theatralisch auf seine Armbanduhr. „Ich kenn ihn ja grade mal fünf Minuten."

In diesem Augenblick trat die Erzieherin Sabine Pätzold an den Tisch. Die junge Frau hatte von der Theke aus beobachtet, was sich am Tisch der Kinder abspielte. Da Dr. Stollberg seine Kollegen frühmorgens über die unerwartete Ankunft seines Sohnes unterrichtet hatte, konnte sie sich lebhaft vorstellen, worüber die Schüler so heftig diskutierten. Allerdings durften sie vor lauter Neugier nicht das Frühstücken vergessen.

„Herrschaften, nun aber! Wir sind hier doch nicht in einer Talkshow", unterbrach sie das allgemeine Getuschel. „Lasst Pascal erstmal in Ruhe sein Brötchen essen. Er bleibt euch ja noch eine Weile erhalten und wird sicher genügend Zeit haben, eure Fragen ausgiebig zu beantworten."

„Klaro!" Pascal grinste verschmitzt. „Und danach gebe ich in der Aula 'ne Autogrammstunde, okay?"

Pascals „Fanclub" brach auf diesen flotten Spruch hin in schallendes Gelächter aus. Frau Pätzold schnitt eine säuerliche Grimasse. Auf den Mund gefallen war der Junior ihres Chefs offensichtlich nicht.

Unverhofftes Wiedersehen

Emanuel Stollberg konnte sich nicht erinnern, wann zuletzt er das Unterrichtsende so herbei gesehnt hatte wie an diesem Tag. Nach dem letzten Läuten der Schulglocke eilte er in sein Büro, legte seine Unterlagen auf dem Schreibtisch ab und war wenig später bereits auf dem Weg in den Park. Die frische Luft tat ihm gut, sie verscheuchte die Müdigkeit, die ihm in den Gliedern steckte. Die letzte Nacht hatte er nur wenig und ziemlich unruhig geschlafen. Viele Jahre lang hatte er sich immer wieder auszumalen versucht, wie es wohl sein würde, seinem Sohn, den er zuletzt als Kleinkind gesehen hatte, Auge in Auge gegenüberzustehen. Anfangs hatte er sehr unter der Trennung gelitten, doch mit der Zeit hatte er sich an das Alleinsein gewöhnt. Statt einem hatte er viele Kinder – seine Schüler. Vergessen hatte er den Kleinen jedoch nie.

Trotzdem hatte das gestrige Wiedersehen ihn völlig unvorbereitet getroffen, wie ein Keulenschlag. Wie sollte er mit dieser für ihn ungewohnten Situation umgehen? Konfrontiert mit seinem eigenen Sohn, fühlte sich der erfahrene Pädagoge plötzlich schrecklich hilflos. Er wünschte nichts sehnlicher, als dass Pascal bei ihm blieb. Zugleich aber spürte er eine ihm fremde Angst. Angst davor, als Vater zu versagen.

Außerdem ahnte, ja, wusste er, dass ihm eine noch weitaus schwierigere Begegnung bevorstand. Pascals Mutter würde sich nicht widerstandslos dem Wunsch des Jungen fügen. Das hatte sie schon in der Nacht, als Stollberg sie anrief, unmissverständlich zu verstehen gegeben. Lou musste nur seine Stimme hören, um sofort die Krallen auszufahren. Statt sich nach ihm oder auch nur nach Pascal zu erkundigen, war sie ihm barsch über den Mund gefahren und hatte darauf bestanden, dass der Junge sofort zu ihr zurückkomme.

In dieser Hinsicht schienen Lou und er damit fortzufahren, womit sie vor mehr als einem Jahrzehnt aufgehört hatten: mit Streit! Stollberg seufzte. Im Grunde hatten sie damals fast ständig miteinander gestritten. Pascals Geburt hatte die Situation nicht entschärft, sondern im Gegenteil zusätzlich verschlimmert. Der Kleine war noch nicht einmal ein Jahr alt gewesen, als Stollberg 1985 die Chance bekam, für fünf Jahre am Deutschen Gymnasium in Rom zu unterrichten. Behutsam hatte er angefragt, ob Lou sich vorstellen könne, ihn dorthin zu begleiten. Damit hatte er die heftigste ihrer vielen Auseinandersetzungen heraufbeschworen. Und die letzte zugleich. Denn Lou dachte gar nicht daran, ihre Karrierepläne aufzugeben. Im Gegenteil, sie hatte sich damals auf eine Korrespondentenstelle in Hongkong beworben und ließ keinen Zweifel daran, dass sie diesen Job um jeden Preis haben wollte. Und ebensowenig stand für sie außer Frage, dass sie den kleinen Pascal nach Asien mitnehmen würde.

Inzwischen war der Direktor auf seiner ziellosen Wanderung durch den Wald an der Terrasse oberhalb des Sees angelangt. Gedankenverloren starrte er auf die Wellen, die, von einem kalten Wind gepeitscht, geräuschvoll ans Ufer klatschten. Den linken Arm auf das Eisengeländer gestützt, warf Stollberg Kieselsteine ins Wasser und versuchte, Ordnung in seine wirren Gedanken zu bringen.

„Hallo, Herr Dr. Stollberg", hörte er plötzlich eine Stimme in seinem Rücken. „Herzlichen Glückwunsch zu dem freudigen Ereignis."

Der frischgebackene Vater drehte sich um und erkannte den Hausmeister des Internats. Herr Pasulke trug wie immer einen grauen Kittel, hatte darunter aber offensichtlich eine dicke Winterjacke angezogen. Jedenfalls wirkte er erheblich dicker, als er in Wirklichkeit war.

„Ach, Herr Pasulke ..." Stollberg brauchte einige Sekunden, um aus seinen Gedanken aufzutauchen. „Ja, danke ..."

Der Hausmeister schaute verdutzt drein. Offensichtlich hatte er eine erfreutere Reaktion erwartet. Kopfschüttelnd nahm er seinen Besen und fuhr fort, das feuchte Laub zusammenzukehren. Dann jedoch konnte er sich einen Kommentar nicht verkneifen.

„Entschuldigen Sie bitte! Eigentlich geht es mich ja nichts an. Aber wie ein glücklicher Vater sehen Sie nicht gerade aus, wenn ich mir die Bemerkung erlauben darf."

Der Direktor atmete tief durch. „Woher soll ich denn wissen, wie man als glücklicher Vater auszusehen hat, lieber Herr Pasulke? Schließlich hatte ich bislang noch nicht mal die Möglichkeit, überhaupt Vater zu sein."

„Ja, das ist schon ein Ding." Pasulke stützte sich auf seinen Besen und lächelte verständnisvoll. „Ich meine, das passiert wirklich nicht alle Tage, dass ein Kind mir nichts, dir nichts einfach auftaucht und sagt: ‚Hallo Papa, hier bin ich.'"

„Ich hab kaum eine Chance gehabt, ihn kennen zu lernen", erklärte Dr. Stollberg, der sichtlich froh darüber war, mit jemandem über diese Geschichte reden zu können. Und gegenüber Herrn Pasulke fiel es ihm erheblich leichter sich zu öffnen, als dies bei seinen Kollegen der Fall gewesen wäre. „Seine Mutter hat damals das alleinige Sorgerecht bekommen und jeden Kontakt zu mir kategorisch unterbunden. Und ich …" Er stockte. „Ich habe mich damit abgefunden. Ich dachte, es wäre das Beste für den Kleinen, wenn er nicht ständig hin und her geschoben würde. Ich wollte alles richtig machen und hab in Wirklichkeit alles falsch gemacht."

„Und nun?", erkundigte sich Pasulke.

„Pascal möchte bei mir bleiben."

„Und Sie, was wollen Sie?"

„Was ich möchte?" Der Direktor schaute seinen Mitarbeiter irritiert an. „Wie können Sie so etwas nur fragen? Natürlich möchte ich auch, dass er hier bleibt."

„Na, dann ist doch alles klar."

„Alles klar?“ Er seufzte resigniert. „Herr Pasulke, da kennen Sie aber Pascals Mutter nicht.“

Während er mit dem Hausmeister sprach, hatte sich Emanuel Stollberg wieder dem See zugewandt. Herr Pasulke war neben ihn getreten und blickte nun ebenfalls auf die Wellen. Er hätte den Direktor gerne aufgemuntert, wusste aber nicht, wie. Einem Freund hätte er tröstend den Arm um die Schulter gelegt, doch bei seinem Chef war das schlecht möglich.

Eine Zeitlang standen die beiden Männer schweigend am Geländer. Plötzlich riss eine Frauenstimme sie aus ihren Gedanken: „Emanuel?“

Beide wandten sich um und blickten zu einer Frau Ende Vierzig, die auf der Allee zum See hinuntergeschlendert kam. Sie war in einen modischen Wintermantel gehüllt und ihre dunkelbraunen Haare waren von zahllosen grauen Strähnen durchzogen. Auf den Hausmeister wirkte sie streng, wenn nicht gar unnahbar. So hätte er sich die Ex-Frau des sanften, immer freundlichen Schulleiters gewiss nicht vorgestellt.

„Lou!“, rief Stollberg verblüfft aus.

„Man hat mir gesagt, dass du wahrscheinlich hier zu finden bist“, sagte die Besucherin nun.

Herr Pasulke spürte, dass seine Anwesenheit nicht länger angebracht war. „Also, dann will ich mal nicht länger stören. Bis später, Herr Dr. Stollberg.“

„Danke, Herr Pasulke“, erwiderte der Direktor, ohne den Blick von der Frau zu wenden, die er seit einer Ewigkeit nicht mehr gesehen hatte. Er fühlte sich unbehaglich. Ein Teil von ihm freute sich, seine alte Liebe wieder zu sehen. Doch der andere, realistischere Teil spürte, dass dieses Zusammentreffen kaum harmonisch verlaufen würde.

„Schön, dich zu sehen“, brachte er nach einer endlos langen Pause unsicher hervor. „Wie geht es dir?“

„Das habe ich dir doch gestern Abend schon am Telefon gesagt“, erwiderte Lou kühl. „Mir geht es gut. Und dir hoffentlich auch. Aber ich bin nicht gekommen, um Höflichkeiten auszutauschen. Wo ist Pascal?"

„In der Turnhalle, nehme ich an. Die Sieben hat jetzt Sport. Er nimmt am Unterricht teil."

„Das kann ja nicht ewig dauern." Lou schaute auf ihre Uhr. „Komm, lass uns zurückgehen. Ich habe es eilig."

„Wollen wir nicht erst mal reden", schlug Dr. Stollberg vor. „Ich meine, wegen Pascal."

„Ich wüsste nicht, was es da zu reden gibt." Die Mutter des Jungen schien zu keiner Diskussion bereit zu sein. „Wir packen seine Sachen und dann nehme ich ihn mit."

„Lou, bitte!" Stollberg ergriff ihre Hand, ließ sie jedoch sofort wieder los. „Pascal hat alle Hebel in Bewegung gesetzt, um mich zu finden. Und er will hier bleiben. Für ein paar Monate wenigstens. Es ist sein Wunsch."

„Sein Wunsch?" Lou schnaubte verächtlich. „Weißt du, Emanuel, mein Sohn hat viele Wünsche. Und die meisten davon respektiere ich auch. Aber nur, wenn sie vernünftig sind."

„Ja, und was vernünftig ist, entscheidest wie immer du, oder?"

„In der Tat. Schließlich bin ich seine Mutter."

„Und ich sein Vater."

„Ich dachte, dieses Problem hätten wir ein für allemal gelöst, Emanuel", sagte Lou genervt, als würde sie auf ein trotziges Kind einreden.

„Du weißt genau, wenn es nach mir gegangen wäre ..."

„Bitte, lass uns nicht wieder dort anfangen, wo wir vor Jahrhunderten aufgehört haben", fuhr sie ihm barsch über den Mund. „Das Thema ist erledigt."

„Für dich vielleicht", versuchte Dr. Stollberg zu widersprechen. Doch seine Ex-Frau hörte ihm gar nicht zu.

„Pascal weiß genau, dass ich in Kürze nach Moskau gehe, um dort meinen neuen Job anzutreten", erklärte sie bestimmt. „Es ist alles vorbereitet. Für uns beide!"

„Aber er will doch nicht mitgehen."

„Woher willst du das wissen? Du kennst ihn doch gar nicht."

„Sicher kenne ich ihn noch nicht sehr gut. Aber er hat einen eigenen Willen und den muss man ernst nehmen."

„Sicher", höhnte Lou. „Und wenn er morgen auf eine Polarexpedition will, muss man das dann auch ernst nehmen? Würdest du dazu etwa auch deine Zustimmung geben?"

„Bleib doch bitte sachlich, Lou." Stollberg bemühte sich, die Auseinandersetzung nicht eskalieren zu lassen. Er wusste, dass jedes laute Wort seine Ex-Frau nur noch unversöhnlicher stimmen würde. „Ich habe mich gestern Abend lange mit Pascal unterhalten ..."

„Du hast ihn beeinflusst, willst du sagen." Ihre Stimme bebte. „Aber das wird dir nicht helfen. Ich kann zwar nicht verhindern, dass du mit dem Jungen redest. Aber das ändert nichts daran, dass ich das alleinige Sorgerecht für ihn habe. Ich entscheide, wo er lebt und wo nicht."

„Meinst du nicht, dass man mit 14 bei einer so wichtigen Angelegenheit ein Mitspracherecht haben sollte?"

„Mitspracherecht? Emanuel, diese Spielchen kannst du gerne mit deinen Schülern treiben. Aber nicht mit meinem Sohn."

Die starke Betonung des „meinem" versetzte Stollberg einen Stich ins Herz. Es war wie früher, Lou dachte gar nicht daran, seine Vatergefühle zu respektieren. Sie gab sich kalt wie ein Eisblock. Und dickköpfig dazu. Dennoch konnte er nicht leugnen, dass er sich freute, sie zu sehen. So verrückt das auch war.

„Wollen wir wirklich wieder streiten?", versuchte er einzulenken. „Wir haben uns doch so lange nicht gesehen."

„Wenn es nach mir gegangen wäre, hätte dieses Wiedersehen gar nicht erst stattgefunden", entgegnete Lou brüsk. „Und um es nochmals deutlich zu sagen: Ich bin nicht gekommen, um Konversation zu führen. Deshalb wäre ich dir sehr verbunden, wenn du mich jetzt zu Pascal bringen würdest, damit wir endlich abreisen können."

Stollberg setzte zu einer letzten Erwiderung an, doch ein Blick in die kalten grauen Augen seiner Ex-Frau genügte, um ihn erkennen zu lassen, dass jedes weitere Wort überflüssig war. Resigniert schlug er den Weg zum Schloss ein. Pascals Mutter folgte ihm in gebührendem Abstand.

Sport ist Mord

Der junge Sportlehrer Sven Weber hatte an diesem Tag ungewohnt große Schwierigkeiten, die Schüler der Sieben im Zaum zu halten. Die üblichen Dehn- und Streckübungen absolvierten sie nur widerwillig. Und die zehn Hallenrunden, die Weber ihnen zum Aufwärmen auferlegt hatte, waren ein einziges Fiasko. Die einen konnten es gar nicht abwarten, endlich mit dem Basketball-Training zu beginnen, um sich auf das Spiel gegen die Dorfkids am Nachmittag vorzubereiten. Und die anderen, diejenigen, für die der Sportunterricht nicht das einzige Highlight im tristen Schuleinerlei war, trotteten wie lahme Ackergäule hinter ihren Kameraden her. Zu dieser Gruppe, die von den Assen Marc, Budhi und Oliver bereits dreimal überrundet worden war, gehörte auch der Neue.

„Hey, Leute, nicht schlappmachen", munterte der Lehrer die Nachzügler auf. Und zu Pascal gewandt fügte er flapsig hinzu: „Wie heißt es so schön in der Bibel: ‚Die Letzten werden die Ersten sein.'"

Dr. Stollbergs Sprössling schien, zumindest was Sport betraf, nichts für lockere Sprüche übrig zu haben. Sein gelangweiltes Mienenspiel gab deutlich zu verstehen, dass er den Trainingsanzug lieber früher als später gegen seine hippe

Skaterhose eingetauscht hätte. Mehr als ein genervtes „Ja, Ja!" ließ er sich auf die Bemerkung des Lehrers nicht entlocken.

Kurz darauf gerieten Sven Weber und der neue Schüler dann richtig aneinander. An den Stretching-Übungen nahm Pascal mit so viel demonstrativer Unlust teil, dass selbst seine Mitschüler die Show des Neuen nicht mehr lustig fanden.

Der Lehrer versuchte den offenen Affront zunächst zu ignorieren und spornte stattdessen die anderen an: „Nicht so ruckartig, Budhi ... Ja, so ist es schon besser. Und du, Alexandra, tiefer runter. Es soll schon ein bisschen ziehen."

Jetzt aber bemerkte er, dass Pascal nur noch apathisch rumstand und Löcher in die Luft stierte. Der Sportlehrer spürte Wut in sich aufsteigen. So sehr er sich auch dagegen wehrte, Sven Weber konnte nicht verhehlen, dass dieser blonde Schlaks nicht gerade auf seiner Wellenlänge lag. Milde ausgedrückt. Schon gestern, im Musikunterricht, hatte er sich maßlos über den arroganten Schnösel geärgert. Weber hatte seinen Schülern den Unterschied zwischen Komposition und Improvisation erklären wollen und dazu auf der Gitarre eine klassische Melodie verjazzt. Daraufhin war der vermeintliche Reporter Paul Meyer nach vorne gekommen, hatte dem verblüfften Lehrer das Instrument aus der Hand genommen und vor versammelter Mannschaft erklärt, was Weber hier vorführe, sei doch Kinderkram. Und dann hatte er selbst improvisiert – und dies unter lautem Begeisterungsgejohle der anderen. Dummerweise spielte der 14-Jährige so perfekt, dass der Lehrer ihn nicht zurechtweisen konnte, ohne sich dem Verdacht auszusetzen, er wäre neidisch. Im Nachhinein wusste der Lehrer selber nicht mehr, worüber er sich mehr ärgern sollte: über die Frechheit des Jungen – oder über sein Talent.

Sven Weber versuchte diese unangenehme Erinnerung zu

verdrängen und machte dem Rebellen ein Friedensangebot. „Sag mal, Pascal, wie gefällt es dir denn so bei uns?"

„Abgesehen von diesem Rumgehopse hier, prima", entgegnete der Junge keck.

„Sport ist nicht dein Ding, was?"

„Sport ist Mord!"

Für einen Augenblick verschlug es dem Lehrer die Sprache. Dann bemerkte er grummelnd: „Na, darüber kann man geteilter Meinung sein."

Doch Pascal setzte noch einen drauf. „Wie sagte schon Winston Churchill: ‚No sports'!"

Weber schluckte. Kurz überlegte er, mit einem anderen Ausspruch Churchills zu kontern: „Blood, Sweat and Tears". Doch er befürchtete, dass er hierauf nur eine weitere freche Bemerkung ernten würde. Churchill hatte seinem Volk „Blut, Schweiß und Tränen" zu Beginn des Zweiten Weltkriegs verheißen, und der Lehrer spürte wenig Lust, dem vorlauten Schüler das Stichwort zu liefern, Sport mit Krieg gleichzusetzen. Also wandte er sich an Marc, der wenige Meter entfernt stand und erwartungsvoll einen Ball in der Hand hielt.

„Sag mal, ist das wahr, dass ihr heute mit einer gemischten Mannschaft gegen die Kinder aus Seelitz antretet?"

„Ja, Iris und ich spielen mit", antwortete Alexandra an Stelle des Gefragten.

„Das wird die größte Katastrophe in der Geschichte des Basketballs", kommentierte Budhi mit säuerlicher Miene. Er erinnerte sich nur zu gut an das letzte gemeinsame Training mit den Mädchen, als Iris den Ball perfekt zu Marc gepasst hatte. Leider nur war der in der gegnerischen Mannschaft.

„Das kannst du wohl laut sagen", stimmte Marc seinem Freund zu. „Auf alle Fälle brauchen wir noch einen Schiedsrichter. Wie wär's, könnten Sie das nicht machen, Herr Weber?"

„Das hängt davon ab, wie das mit den Mädchen läuft", erwiderte der Lehrer augenzwinkernd. Der Ärger über den Sporthasser Pascal war fast schon verflogen, Weber war wieder in seinem Element, ganz Freund und Kumpel seiner Schüler. So sah er sich jedenfalls.

„Ach, die kriegen wir schon kaltgestellt", meinte Marc.

„Genau das befürchte ich auch." Sven Weber setzte eine ernste Miene auf. „Aber so geht das nicht. Fairplay ist das oberste Gebot. Ihr seid ein Team, also müsst ihr zusammenspielen."

„Aber wir wollen doch gewinnen", protestierte Budhi.

„Das wollen die Mädchen auch."

„Genau!", bestätigte Alexandra. „Wir spielen auch nur um zu gewinnen. Warum wohl sonst."

„Wollen heißt nicht auch können", widersprach Marc.

Sven Weber ignorierte diesen Spruch. „Also, ein Vorschlag. Wir ändern die Regeln ab: Jeder Korb, den ein Junge wirft, gilt nur dann, wenn vorher ein Mädchen getroffen hat. Und der erste Korb im Spiel muss ebenfalls von einem Mädchen geworfen werden."

„Na bravo!", kommentierte Budhi verdrossen. „Dann geht das Spiel ja nie richtig los."

„Ihr werdet sehen ..." Der Lehrer lachte, er geriet zunehmend in Begeisterung über seine Idee. „Mit diesen Regeln geht ihr in die Geschichte des Basketballs ein."

„Ja, als die größten Vollidioten, die jemals einen Ball in der Hand gehabt haben", murmelte Marc zu Budhi. Dann fügte er laut hinzu: „Sicher, ein 0:0 hat es im Basketball noch nie gegeben. Wir sollten einen Klatschreporter anrufen, das wird die Schlagzeile des Jahrhunderts."

Marcs Mitschüler brachen in hämisches Gelächter aus, doch Herr Weber ließ sich nicht umstimmen. Er war nur unter dieser Bedingung bereit, das Spiel zu leiten. „Also", fragte er mit einem aufmunternden Blick in die Runde, „abgemacht?"

„Okay!“, stimmte Marc nach längerem Zögern zu. „Das muss ich jetzt nur noch Wolf und seinen Kumpels verklickern.“

„Kannst sie ja trösten“, meinte Budhi in Erinnerung an die erste Begegnung zwischen den beiden Mannschaften vor einigen Tagen, die keinen Sieger hervorgebracht hatte. Erst danach waren die Mädchen auf die Wahnsinnsidee gekommen, beim nächsten Mal mitzumachen. „Wenn sie schon nicht gewinnen können, bleibt ihnen immerhin die Schmach der Niederlage erspart.“

Gut recherchiert

Besonders traurig war Pascal nicht, als er eine Viertelstunde vor Schulschluss von Herrn Pasulke aus dem Sportunterricht gerufen wurde. Als der Hausmeister ihm allerdings erklärte, er müsse sofort zu seinem Vater ins Direktionsbüro kommen, schwante ihm nichts Gutes. Und Pascal hatte richtig vermutet. Er stand kaum in der Tür, da stürmte seine Mutter auf ihn zu und wollte ihn umarmen.

„Nun krieg dich mal wieder ein“, wehrte Pascal mürrisch ab.

Lou jedoch schien die fehlende Begeisterung ihres Sohnes überhaupt nicht zu bemerken. „Junge, was machst du nur für Sachen“, sagte sie besorgt. „Ist alles in Ordnung mit dir?“

„Logo. Was sollte denn sein?“

„Schön! Dann lass uns schnell deine Sachen packen.“

„Wieso das denn?“ Pascal starrte sie an, als wäre sie von allen guten Geistern verlassen.

„Weil wir gleich losfahren“, erklärte Lou.

„Du meinst, weil du gleich losfährst.“ Pascal ließ sich demonstrativ in den Besuchersessel vor dem Schreibtisch des Direktors fallen. „Ich bleibe hier.“

„Das ist doch nicht dein Ernst?"

„Und ob." Er gähnte provokativ. „Spreche ich vielleicht Chinesisch? Ich bleibe."

„Und Moskau?"

„Moskau wartet auf dich. Nasdorowje."

Dr. Stollberg beobachtete die Auseinandersetzung zwischen Mutter und Sohn halb belustigt, halb besorgt. Er spürte, wie Lous Fassade der Selbstsicherheit allmählich ins Bröckeln geriet.

„Pascal, das geht so nicht", wies sie ihn zurecht. „Es ist alles arrangiert. Wir reisen in ein paar Tagen ab."

„Das geht so nicht?", entgegnete Pascal schnaubend. „Wer entscheidet, was geht und was nicht? Du natürlich. Und wenn du meinst, es geht, mich jahrelang zu belügen, dann ist das in Ordnung, nicht wahr? Wenn es nach dir gegangen wäre, hätte ich doch nie erfahren, wer mein Vater ist."

„Aber dir hat es doch nie an etwas gefehlt", meinte Lou, die immer nervöser wurde. Bei Auseinandersetzungen mit ihrem Sohn verlor die toughe Karrierefrau meist den Boden unter den Füßen.

„Mein Vater hat mir gefehlt!", erwiderte Pascal und stampfte mit dem Fuß auf.

Lou spürte, dass sie gegen den Jungen nicht ankam. Doch sie dachte nicht daran, so ohne weiteres aufzugeben. Mit hochrotem Kopf schaute sie nun zu Dr. Stollberg, der seit Pascals Eintreffen noch nicht zu Wort gekommen war.

„Gratuliere, Emanuel!", schnauzte sie ihn an. „Das hast du ja fein eingefädelt. Was hast du ihm denn versprochen, damit er bei dir bleibt?"

„Mutter, bitte hör auf!", versuchte Pascal zu schlichten.

Doch Lou war nicht mehr zu bremsen. „Oder besser, was hast du ihm für Lügen über mich erzählt? Dass ich eine egozentrische Karrierezicke bin? Dass ich dich früher schon immer untergebuttert habe?"

„Lou, das ist nicht fair." Stollberg fühlte sich in die Enge getrieben. „Ich habe nicht im Geringsten versucht, Pascal zu beeinflussen. Das musst du mir glauben."

„Pah!" Lou baute sich drohend vor ihrem Ex-Mann auf. „Spiel doch nicht das Unschuldslamm. Die Masche kenn ich schon. Immer der einfühlsame Pädagoge. Alles nur Theater. Mir kannst du nichts vormachen." Sie blickte zu ihrem Sohn hinüber, der trotzig in seinem Stuhl verharrte, und dann wieder zu Dr. Stollberg. „Würde es dir was ausmachen, uns ein paar Minuten allein zu lassen?"

Der Form nach hatte Lou eine Frage oder eine Bitte ausgesprochen, doch ihr Tonfall ließ keinen Zweifel daran, dass es sich um einen Befehl handelte. Dr. Stollberg zögerte. Er wollte eine Zuspitzung des Streits verhindern, doch widerstrebte es ihm, sich kampflos in die Flucht schlagen zu lassen.

Nun ergriff sein Sohn die Initiative. „Geh nur!", sagte er und fügte beruhigend hinzu: „Ich mach das schon, Papa!"

Als der Vater registrierte, dass Lou bei dem Wort „Papa" zusammenschrak, konnte er ein Gefühl der Befriedigung nicht verleugnen. Doch größer als sein Triumph war die Scham darüber, an dieser würdelosen Szene nicht ganz unschuldig zu sein. Es wäre nie so weit gekommen, wenn er sich früher schon gegen seine Frau gewehrt hätte. Achselzuckend verließ er sein Büro.

Nach Stollbergs Abgang herrschte zunächst bedrückendes Schweigen. Die Atmosphäre zwischen Pascal und seiner Mutter war aufgeladen. Beide kannten einander gut genug um zu wissen, dass der andere dickköpfig auf seinem Willen beharren würde. Alles lief auf einen Machtkampf hinaus, und die Erwachsene war fest davon überzeugt, dass sie am längeren Hebel saß.

„Pascal, du willst mir doch nicht weismachen, dass diese Schnapsidee auf deinem Mist gewachsen ist", ergriff Lou nun als Erste wieder das Wort.

„Du kannst beruhigt sein, Mama“, erwiderte der Junge lachend. „Ich wurde nicht bestochen und auch nicht gefoltert. Und niemand hat mich einer Gehirnwäsche unterzogen. Ich weiß auch so, was ich will. Das darfst du mir ruhig glauben.“

„Ich will, dass du mit nach Moskau kommst. Basta!“

„Und ich bleibe auf Schloss Einstein. Auch basta.“ Pascals Miene verdüsterte sich. „Ist schließlich nicht mein Problem, wenn du nicht allein sein kannst.“

„Ich kann nicht allein sein? Das ist eine Frechheit“, keifte sie. „Darum geht es außerdem nicht. Du hast zu gehorchen.“

Als der Junge daraufhin nur die Schultern zuckte, wechselte seine Mutter die Tonart. „Ich mach das alles doch nur für dich. Warum, meinst du, hab ich extra eine Wohnung in der Nähe der deutschen Schule gemietet?“

„Die zufälligerweise in der Nähe deines Redaktionsbüros liegt“, erwiderte Pascal schnippisch.

„Schluss jetzt!“ Lou gingen die Argumente aus. „Ich bin deine Mutter und habe das Sorgerecht für dich. Also kommst du mit nach Moskau, ob dir das nun gefällt oder nicht.“

„Da täuschst du dich, Mama.“ Pascal räkelte sich genüsslich in seinem Stuhl. „Laut Gesetz habe ich ein Mitspracherecht, bei wem ich leben will.“

„Wie bitte?“

„Kennst du das Gesetz über die Angelegenheiten der freiwilligen Gerichtsbarkeit?“

„Was ist das denn?“ Der Journalistin fiel vor Verblüffung die Kinnlade herunter.

„Na, solltest dich mal informieren. Laut § 50 FGB muss ein Kind nach Vollendung des 14. Lebensjahres bei Verfahren, die, ich zitiere, ‚die Angelegenheiten der Personensorge betreffen, stets persönlich angehört werden‘.“

„Und?“ Lou verstand nur Bahnhof. „Was heißt das?“

„Es geht noch weiter, pass gut auf." Pascals hämisches Grinsen verriet, dass er diesen Auftritt gut vorbereitet hatte. „Also: ‚Oberste Regel muss bei der Anhörung die Respektierung des Kindes als Person mit eigenen Rechten und mit einem eigenen Willen sein.' Verstanden?"

Lou schluckte. Sie hatte nur zu gut verstanden. „Das hast du ja gründlich recherchiert", bemerkte sie sarkastisch.

„Das habe ich von dir gelernt", entgegnete Pascal süffisant. „Also sind wir uns einig?"

Der Schlag hatte gesessen, Lou war sprachlos. Einen Moment lang schien es Pascal, als würden seiner Mutter Tränen in die Augen steigen. Doch so weit ließ sie es gar nicht erst kommen. Dazu war sie viel zu beherrscht. Er konnte sich nicht erinnern, sie auch nur ein einziges Mal weinen gesehen zu haben.

„Schade", sagte sie schließlich. „Ich hatte es mir so schön vorgestellt, wir beide in Moskau."

„Sag mal, interessiert es dich denn überhaupt nicht, warum ich nicht mitkommen will?"

„Na gut", heuchelte Lou wenig überzeugend Interesse. „Also: Weshalb willst du partout nicht mitkommen?"

„Weil ich endlich meinen Vater kennen lernen will", antwortete Pascal. „Ist das so schwer zu verstehen?" Der Junge bemerkte, dass seine Mutter völlig fassungslos war, und trat einen Schritt auf sie zu. Dann fügte er mit deutlich sanfterer Stimme hinzu: „Außerdem bin ich doch nicht aus der Welt. Wir können telefonieren. Oder mailen. Lass es uns doch einfach mal versuchen."

Als seine Mutter die Augen niederschlug und schicksalsergeben nickte, wusste Pascal, dass er gewonnen hatte. Er legte seinen Arm um ihre Schulter und hauchte ihr einen Kuss auf die Wange. „Na also", sagte er, plötzlich ganz milde gestimmt. „Es geht doch."

Es dauerte einige Zeit, bis Lou Merten sich wieder gefasst

hatte. Dann hatte sie sich mit ihrem Los abgefunden. So war es nun einmal, sie konnte es mit allen Männern aufnehmen, nur nicht mit ihrem Sohn.

„Gut, wenn du unbedingt bei deinem Vater bleiben willst, dann tu das", gab sie nach. „Aber eins sage ich dir: Dann bleibst du auch bis zum Ende des Schuljahrs hier, ohne Wenn und Aber. Danach sehen wir weiter."

Die Stunde der Siegerin

Die Stunde der Entscheidung war unwiderruflich gekommen. In der Turnhalle des „Albert-Einstein-Gymnasium-Internat Schloss Seelitz" konnte man die Luft mit dem Messer schneiden. Rechts und links des Spielfeldes hockten die Dorfkids und Internatsschüler einträchtig nebeneinander auf dem Parkettboden. Unter lautem Gejohle und Gekreische ließen sie selbst genähte Fahnen durch die Luft schwingen. Die Stimmung näherte sich ihrem Höhepunkt, fast so, als würden jeden Augenblick Michael Jordan und die Chicago Bulls die Halle betreten. Im Mittelkreis hatten sich um den Unparteiischen die Hauptakteure des Spektakels versammelt. Doch die wirkten alles andere als euphorisch. Im Gegenteil, Marc und Wolf, die Mannschaftsführer, erweckten den Eindruck, als würden sie den Wettkampf, der seit Tagen im Internat wie im Dorf das Thema Nummer eins war, am liebsten in allerletzter Sekunde noch abblasen. Doch die beiden schlimmsten „Scharfmacher", die die Stimmung hochgepeitscht hatten, wussten, dass das nicht mehr möglich war. Dazu war es zu spät. Die letzte Chance, sich ohne Gesichtsverlust aus der Affäre zu stehlen, hatten sie gestern Nachmittag in Giovannis Eiscafé vertan. Nach dem verpfuschten Training mit den Mädchen waren Marc und Budhi dort aufgetaucht, um alles wieder rückgängig zu machen.

Doch Wolf hatte sie provoziert. „Packen eure Mädchen es etwa nicht?“, hatte er höhnend gefragt. Natürlich packten sie es nicht, aber das hätten die beiden Freunde nie zugegeben. Schon gar nicht vor den Eltern ihres Klassenkameraden Oliver, die dummerweise ausgerechnet an diesem Nachmittag die köstlichen Kreationen des neuen Besitzers Giovanni probieren mussten. Also waren sie unverrichteter Dinge wieder abgezogen.

Jetzt war es soweit: Die Blamage konnte beginnen. Sven Weber ermahnte die Gegner ein letztes Mal zum Fairplay. Dann zückte er seine Trillerpfeife, warf den Ball hoch in die Luft und pfiff das Match an. Oliver, eindeutig der längste von allen zehn Spielern, hatte wenig Mühe, das Wurfgerät zu fangen. Er sah sich kurz um und spielte zu Budhi ab. Der war mit zwei, drei Dribbelschritten in der Nähe des Wurfkreises und setzte gerade zu seinem ersten Versuch an, als Marc ihm laut zurief: „Mann, vergiss es. Das zählt doch nicht.“

Budhi erinnerte sich an Webers neue Regeln und stoppte mitten im Sprung ab. Er ließ den Ball zweimal auftippen und suchte Alexandra, die zunächst den Vorzug gegenüber Iris erhalten hatte. Sie stand auch tatsächlich frei, so dass Budhi sie anspielen konnte. Zu einem Wurf kam das Mädchen allerdings nicht, weil es ihr nicht gelang, den Ball festzuhalten. Ehe sie sich versah, war der dunkelblonde Atze dazwischen und stürmte in die Hälfte der Einstein-Kids.

„Oh Mann“, meckerte Budhi seine Klassenkameradin an, „vielleicht kriegst du ja wirklich mal den Nobelpreis. Aber beim Basketball reichts höchstens für die goldene Zitrone. Willst du nicht in dein geliebtes Labor gehen? Vielleicht erfindest du ja 'ne Fernsteuerung für Bälle.“

Alexandra suchte noch nach einer passenden Antwort, da war Budhi bereits Atze hinterher gerannt und versuchte ihn zu stören. Atze gab den Ball zu Wolf. Und ehe Marc eingreifen konnte, hatte der Mannschaftsführer der Dorfkids zu einem ihrer Mädchen abgespielt, der blonden, ziemlich großen Tine. Die konnte wenigstens fangen. Und nicht nur das, sie wagte auch einen ersten Wurf, der zudem noch annäherungsweise in die richtige Richtung ging. Allerdings hatte Tine viel zu heftig abgedrückt. Der Ball klatschte laut gegen das Holz oberhalb des Korbs und prallte weit ins Spielfeld zurück. Oliver angelte sich spielerisch den Rebound und leitete den Gegenangriff ein.

Nach siebeneinhalb Minuten stand es erwartungsgemäß noch immer 0:0. Weder Alexandra noch Tine hatten getroffen und ihre Mannschaftskameraden wurden immer unruhiger.

„Mann, ab morgen trau ich mich nur noch mit Tarnkappe auf die Straße", rief der schmächtige, dunkelhaarige Ingo seinem besten Freund Oliver zu, der allerdings in der gegnerischen Mannschaft spielte.

„Stimmt!" Oliver nickte und beobachtete resigniert einen weiteren Fehlversuch Alexandras. „Das ist einfach nur peinlich. Wenn das so weiter geht, sind wir Weihnachten noch nicht fertig."

Unter den Spielern sank die Stimmung allmählich auf den Gefrierpunkt. Doch am Spielfeldrand herrschte weiterhin ausgelassenes Gekreische und Getöse. Unverdrossen feuerten die Fans ihre Mannschaften an und fieberten bei jedem Wurf eines der beiden Mädchen mit. Am lautesten schrien die hübsche Erzieherin Sabine Pätzold und die Auswechselspielerin Iris. Die hatte vorübergehend sogar ihre Enttäuschung darüber vergessen, dass sie nicht von Beginn an mitmischen durfte, und hüpfte wie ein Irrwisch an der Seitenlinie auf und ab.

Als Alexandra erneut den Ball verlor, schaute das korpulente Mädchen mit betretener Miene zu Frau Pätzold und meinte: „So ein Mist. Wenn wir dieses Spiel hier verhauen, lassen uns die Jungs nie wieder mitmachen."

„Was wäre denn, wenn ihr eine eigene Mannschaft bildet“, schlug die Erzieherin vor.

Iris schien einen Augenblick lang über diese Idee nachzudenken, gab aber keine Antwort. Stattdessen wandte sie sich wieder dem Spiel zu. Sie beobachtete, wie Budhi einen Passversuch von Wolf zu Tine abfing und den Ball schnell zu Marc weiterleiten wollte. Atze hatte diesen Zug vorausgesehen und stellte sich Marc in den Weg. Der war jedoch schneller und zog mit einer wendigen Körperdrehung an seinem Gegner vorbei. Dabei geriet er jedoch ins Straucheln und lag in der nächsten Sekunde mit schmerzverzerrtem Gesicht auf dem Boden.

„Oh shit!“, rief Iris entsetzt. „Auch das noch.“

Der Schiedsrichter unterbrach das Spiel und lief zu dem Gestürzten, der seinen Knöchel rieb und leise vor sich hinfluchte.

„Was ist los, Marc?“, erkundigte sich Herr Weber besorgt.

„Keine Ahnung.“ Marc blickte verzweifelt zu ihm auf. „Mein Fuß … Schätze, das wars dann wohl.“

„Können wir das Spiel nicht abblasen“, schlug Budhi vor.

„Wir haben doch gerade erst angefangen“, protestierte Alexandra, die allerdings schon völlig außer Atem war.

„Solange du mitspielst, werden wir nie richtig anfangen“, konterte Budhi.

„Jetzt hört auf zu streiten“, ermahnte Sven Weber die Kinder. Er hatte sich neben Marc auf das Parkett gekniet und untersuchte dessen Fuß. „Sieht mir nach einer Prellung aus“, meinte er. „Ich denke, wir sollten dich auswechseln. Am besten gehst du zu Frau Pätzold rüber. Die wird dir was zum Kühlen geben.“

Während Marc langsam zum Spielfeldrand humpelte, geriet Budhi in Hektik. Wild gestikulierend wandte er sich an einen Schüler der Sechs, der neben Iris auf der Auswechselbank saß. „Los, du kommst rein, Ole.“

Doch ehe der Junge reagieren konnte, war Iris bereits losgerannt und baute sich mit verschränkten Armen vor Budhi auf: „Was soll das? Die erste Auswechselspielerin bin ich. Hast du das vergessen?"

„Das hat uns gerade noch gefehlt", mischte sich Oliver ein. „Unser bester Mann fällt aus und dafür kommst du rein."

„Es war aber so abgemacht", beharrte Iris und zog einen Schmollmund.

„Stimmt", bestätigte der Unparteiische und entschied: „Iris kommt für Marc."

„Na super." Budhi ließ resigniert den Ball auf den Boden fallen. „Damit dürfte die Katastrophe perfekt sein."

Nach dem Wiederanpfiff hatten die Dorfkids zunächst eindeutig Oberwasser. Der Spielmacher der Einstein-Kids war draußen und Budhi und Oliver hatten alle Mühe, den Ball wenigstens in die Nähe des gegnerischen Korbes zu treiben. Allerdings verliefen auch die Attacken von Wolf und seinen Kumpels so lange im Sande, als es Tine nicht gelang, einen Korb zu werfen. Mittlerweile lief das Match schon eine gute Viertelstunde und bei den Akteuren machten sich erste Müdigkeitserscheinungen bemerkbar. Da Laufen ohnehin nicht ihre Stärke war, blieb Iris nach gescheiterten Angriffsversuchen immer öfter in der Nähe des gegnerischen Korbs, statt ihren Kameraden bei der Verteidigung zu helfen. Jetzt stand sie völlig allein in der Hälfte der Seelitzer und sah zu, wie Tine abermals bei einem Wurf das Ziel verfehlte. Wieder reagierte Oliver am schnellsten und fing den Rebound ab.

Ein kurzer Blick zu Iris und dann ein langer, präziser Pass. Tatsächlich gelang es dem Mädchen, den Ball irgendwie unter Kontrolle zu bringen. Freilich ging bei diesem Manöver so viel wertvolle Zeit verloren, dass Atze und Wolf schon auf sie zukamen. Mit dem Rücken zum Korb hielt Iris ängstlich Ausschau nach einem Mitspieler, an den sie den Ball abgeben konnte. Doch Alexandra war gedeckt und die anderen standen zu weit weg. Die Gegner grinsten hämisch.

„Komm!", sagte Wolf, „gib ihn besser gleich her. Du weißt doch eh nicht, was du mit dem Ding anfangen sollst."

Iris lief vor Scham rot an. Was sollte sie nur machen? Warum half ihr niemand? In ihrer Verzweiflung tat sie nun etwas völlig Aberwitziges: Sie umklammerte den Ball mit beiden Händen und warf ihn rückwärts über ihren Kopf in die Richtung, wo sie in etwa den Korb vermutete.

Sie nahm noch wahr, dass Budhi entsetzt die Hände vor die Augen schlug. Blind zu werfen war wirklich das Allerletzte. Dann brach ein ohrenbetäubender Lärm los. Ihre Mitspieler und etliche Zuschauer stürmten von allen Seiten auf sie zu und umarmten sie. Atze und Wolf standen da wie begossene Pudel. Ebensowenig wie Iris selbst konnten sie begreifen, was geschehen war: Die Auswechselspielerin hatte den ersten Korb geworfen. Dies war ihre Stunde. Die Stunde der Siegerin!

Geisterstunde

Normalerweise freute sich Heinz Pasulke auf seine Mittagspause. Wenn die Schüler kurz vor 13 Uhr, nach dem Schellen, unter großem Lärm in die Mensa strömten, zog er sich in seine kleine Wohnung in einem Seitentrakt des Seelitzer Schlosses zurück. Zumindest für eine Stunde erwartete ihn hier eine himmlische Ruhe. Und die hatte er sich auch heute redlich verdient.

Der Vormittag war äußerst turbulent verlaufen. In der großen Pause hatte eine Speditionsfirma aus Hamburg eine riesige Holzkiste angeliefert, die an den Direktor adressiert war. Das Monstrum war so schwer und unhandlich, dass selbst der kräftige Hausmeister sie nur mühsam vorwärts bewegen konnte und dabei heftig ins Schwitzen geriet. Zu allem Überfluss hatte sich dann auch noch herausgestellt, dass nicht Dr. Stollberg, sondern dessen vorlauter Sprössling der Empfänger des sperrigen Ungetüms war. Als Pasulke das erfuhr, hatte er die Kiste allerdings schon ins Foyer gehievt und sich dabei fast einen Bruch gehoben. Sonst hätte er Pascal selber schleppen lassen. Garantiert.

Kaum hatte er diese Aufgabe erledigt, lief er dem stellvertretenden Direktor Dr. Lutz Wolfert in die Arme. Der erkundigte sich mürrisch, ob denn die neuen Karten für den Geschichtsunterricht endlich eingetroffen seien. Als Pasulke zugeben musste, dass die Materialien bereits seit einem Tag im Keller lagerten, hatte Wolfert ihn angestarrt wie einen Außerirdischen. Oder, schlimmer noch: wie jemanden, der aus niederen Motiven seinen Unterricht sabotierte. Dass auch ein Pasulke mal was vergessen konnte, kam dem strengen Deutsch- und Geschichtslehrer natürlich nicht in den Sinn.

Also hatte sich der Hausmeister grummelnd in den Keller begeben. Allerdings musste Dr. Wolfert ihn gleich zweimal darauf hinweisen, dass der Weg zum Keller die Treppe hinab führte und nicht den Gang zum Schullabor entlang. Irgendwie war Herr Pasulke heute ein wenig zerstreut.

Zerstreut? Nein, das war nicht der treffende Ausdruck. Er war völlig von der Rolle. Und der Grund hierfür waren mysteriöse Vorkommnisse in seiner Wohnung, die ihm seit Tagen mächtig zu schaffen machten.

Und so suchte der Hausmeister an diesem Mittag die Stätte mit einem mulmigen Gefühl im Magen auf. Bevor er die Wohnung betrat, blieb er einige Sekunden draußen stehen und lauschte, das Ohr dicht an die Tür gepresst. Doch alles blieb ruhig. Auch nachdem er die Tür hinter sich geschlossen hatte, bewegte er sich nicht wie gewohnt, sondern schlich auf leisen Sohlen durch die Räume. Wie ein Einbrecher. Und das in seinen eigenen vier Wänden.

„Pasulke, Pasulke“, sprach er zu sich selbst. „Wo soll das noch hinführen. Du hörst Stimmen. Wirst vergesslich. Führst dich auf wie ein Volltrottel.“ Waren das die ersten Folgen des jahrelangen Alleinlebens? Dann konnte er sich ja noch auf einiges gefasst machen. Schließlich hatte er kaum die Vierzig hinter sich gelassen. Na denn Prost!

Als es weiterhin ruhig blieb, entspannte sich der Hausmeister ein wenig. Er schlurfte in die Küche, füllte Wasser in seinen altertümlichen Teekessel und schaltete eine Platte seines verrosteten Elektrokochers an. Das Teil war schrottreif und hatte auch schon einige Zeit im Keller gelegen. Doch vor einigen Tagen hatte er es notgedrungen reaktivieren müssen. Sein Herd hatte den Geist aufgegeben, und er war noch nicht dazu gekommen, ihn zu reparieren.

Langsam besserte sich seine Laune. Er begann ein Lied zu pfeifen und ging zu der braunen Kommode hinüber, um sein Radio einzuschalten. Das Gerät hatte er vor bald 30 Jahren von seinen Eltern zur Konfirmation bekommen. Dass es noch immer seine Dienste tat, war fast ein Wunder. Aber Pasulke konnte sich einfach nicht von ihm trennen. Und wer wusste, vielleicht würde er es eines Tages als Antiquität verkaufen und eine Menge Geld dafür einstreichen.

Pasulke wollte gerade den Knopf drehen, da schrak er zurück. Da waren sie wieder, diese verdammten Stimmen. Verzerrt, so dass man kein Wort verstehen konnte, aber doch unüberhörbar. Seltsame Laute. Quäkig. Wie Botschaften von einem anderen Stern.

„Nichts gegen Geisterstunde“, murmelte der Hausmeister. „Aber jetzt ist es Mittag.“

Er geriet in Panik. Wenn das so weiterging, würde er noch verrückt. Oder war es schon soweit? Jetzt pfiff auch noch der Teekessel. Doch Pasulke dachte gar nicht daran, ihn von der Platte zu nehmen. Lieber diesen ohrenbetäubenden Pfeifton ertragen als Geister jagen, sagte er sich. Er ging zu seiner

Schrankwand, zog ein Lexikon aus dem Regal und blätterte hektisch, bis er den Buchstaben „H" fand.

„,Bei Halluzinationen'", las er halblaut, „,wird von den Betroffenen etwas als wirklich empfunden, obwohl kein entsprechender äußerer Sinnesreiz vorliegt. Halluzinationen kommen in allen Sinnesbereichen vor. Es gibt optische, akustische ...'" Pasulke schlug sich mit der Hand vor den Kopf. „Mensch, Heinz, das ist es."

Der Teekessel pfiff noch immer. Da er sich beim Lesen konzentrieren musste, beschloss der Hausmeister, dem Lärm ein Ende zu bereiten. Er lief zu seiner Kochecke, nahm den Kessel herunter und schaltete die Platte aus. Dann ging er zurück zu dem Buch, fuhr mit dem Finger ein paar Zeilen nach unten und las weiter.

„,Eine akustische Halluzination kann sich im Hören von Stimmen äußern, die real nicht existieren. Zu beachten ist, dass unterschiedliche Formen von Halluzinationen Symptome unterschiedlicher Krankheiten sind. Akustische Halluzinationen deuten häufig auf Psychosen hin, in den meisten Fällen auf eine akute oder latente Schizophrenie.'"

Bei dem Wort Schizophrenie fuhr ihm der Schreck in die Glieder. Eine vernichtende Diagnose. Aber alles, was er eben gelesen hatte, traf auf ihn zu.

In seiner Panik hatte Herr Pasulke nicht mitbekommen, dass es mehrmals geklopft hatte. Plötzlich stand Alexandra in der Tür. Das Mädchen wirkte besorgt.

„Hallo, Herr Pasulke."

„Alexandra, wenn es nicht was wirklich Wichtiges ist", sagte der Hausmeister, „dann komm doch bitte später wieder. Ich bin sehr beschäftigt."

„Es ist aber wichtig. Ich möchte wissen, was heute Morgen mit Ihnen los war."

„Heute Morgen?" Pasulke spielte den Ahnungslosen. Dabei wusste er nur zu gut, was Alexandra meinte: Das Mädchen hatte den Hausmeister vor Unterrichtsbeginn besucht und ihn in einem besorgniserregenden Zustand angetroffen. Er hatte ihr kaum zugehört, sondern war hektisch in seiner Küche hin und her gelaufen. Wiederholt hatte er gefragt, ob Alexandra irgendwelche Geräusche hören würde.

„Ja, heute Morgen“, bestätigte das Mädchen.

„Nichts war los“, versuchte Pasulke abzuwiegeln.

Doch Alexandra hatte längst das aufgeschlagene Buch entdeckt und mit Verwunderung festgestellt, womit ihr väterlicher Freund sich beschäftigte.

„Halluzinationen? Seit wann interessieren Sie sich denn für sowas, Herr Pasulke?“

Der Hausmeister druckste, aber er war so durcheinander, dass ihm keine Ausrede einfiel. Außerdem hatte Alexandra Verdacht geschöpft. Und sie war viel zu intelligent und vor allem viel zu neugierig, um sich mit irgendwelchen Geschichten abspeisen zu lassen. Also entschloss er sich, ihr reinen Wein einzuschenken.

„Du musst mir versprechen, dass das unter uns bleibt“, beschwor er sie. Und als sie nickte, fuhr er fort: „Ich höre Stimmen. Seit Tagen schon. Leise, unheimliche Stimmen.“

Alexandra riss vor Erstaunen die Augen weit auf. „Immer? Auch jetzt?“

„Nein, jetzt nicht. Aber heute Morgen, als du die Diskette zurückgebracht hast. Und eben, kurz bevor du gekommen bist. Sie kommen ganz plötzlich, wie aus dem Nichts. Und genauso schnell verschwinden sie auch wieder. Es ist kaum noch auszuhalten.“

„Heute Morgen wollten Sie gerade Tee kochen, nicht wahr?“ Sie deutete auf den Kessel. „Das Monstrum da hat jedenfalls einen höllischen Lärm gemacht. Und eben? Haben sie den Kessel da auch benutzt?“

Herr Pasulke nickte.

Alexandra ging zur Kochecke und musterte argwöhnisch

die alte verrostete Kochplatte. „Das Ding haben Sie noch nicht lange hier stehen, oder?“

„Stimmt. Erst seit ein paar Tagen.“ Er wischte sich den Schweiß von der Stirn. „Puh! Du eignest dich nicht nur zur Naturwissenschaftlerin, du würdest auch ’ne gute Detektivin abgeben.“

Ohne auf diese Bemerkung einzugehen nahm Alexandra den Kessel, hob ihn an, um zu prüfen, ob sich Wasser darin befand, und stellte ihn dann auf die Platte. Danach schaltete sie die Elektroplatte an und blieb erwartungsvoll davor stehen. Einige Sekunden geschah gar nichts, doch dann machten sich plötzlich seltsame Laute bemerkbar.

„Da ist es schon wieder“, rief der Hausmeister bestürzt. Er war kreidebleich „Mensch, ich werde noch verrückt. Hörst du das auch?“

„Und ob ich was höre.“ Alexandra nahm ihre Nickelbrille von der Nase und rieb sich mit dem Gestell hinter dem Ohr. Das tat sie immer, wenn sie hochkonzentriert über die Lösung eines kniffligen Problems nachdachte. „Und das bedeutet, dass wir entweder beide unter Halluzinationen leiden. Oder es gibt für dieses Phänomen eine natürliche Erklärung.“

Jetzt nahm das Mädchen den Kessel von der Platte und als fast im selben Augenblick die mysteriösen Geräusche verstummten, lächelte sie den Hausmeister an.

„Also, wenn Sie mich fragen, Herr Pasulke, dann hängen Ihre unerklärlichen Phänomene irgendwie mit diesem Wasserkessel und Ihrer antiken Kochplatte zusammen.“

Night Session mit Hendrix

Die monströse Holzkiste, die am Vormittag für Pascal angeliefert worden war, beschäftigte die Gemüter fast aller, die etwas davon mitbekommen hatten. Doch der Neue gab sich geheimnisvoll und schmetterte alle Fragen ab. Mehr als die Aussage, darin befinde sich sein Freund „Hendrix", ließ er sich nicht entlocken.

Der erste, der „Hendrix" zu sehen bekam, war Budhi. Pascals aus Sri Lanka gebürtiger Zimmergenosse hatte sich bereit erklärt, mit ihm zusammen das extrem schwere Teil auf ihr gemeinsames Zimmer zu schleppen. Als Budhi auf der Treppe ins Stolpern geriet und die Kiste um ein Haar fallen gelassen hätte, war Pascal ausgerastet. Er spielte sich auf, als befänden sich in dem Behälter hochempfindliche elektronische Geräte, die schon bei der kleinsten Erschütterung zu Schaden kamen.

Tatsächlich war dieser Vergleich gar nicht einmal so abwegig. Denn als Pascal, oben angekommen, den Kasten behutsam öffnete, staunte Budhi Bauklötze. Darin befand sich nämlich eine elektrische Gitarre nebst Verstärker und anderem Equipment. Alles zusammen gerechnet, hatte diese Profi-Ausrüstung garantiert ein paar tausend Mark gekostet.

Die beiden brauchten fast eine Stunde, um die Anlage aufzubauen. Schließlich war es soweit und Pascal gab ein paar Kostproben seines Könnens. Seinem Kumpel verschlug es schier die Sprache. Bislang hatte Budhi geglaubt, er würde nicht nur hervorragend Geige, sondern auch ganz passabel Gitarre spielen. Doch die Show, die Pascal da gerade abzog, war echt ein Hammer. Der Typ stellte vieles von dem, was man täglich in Videoclips geboten bekam, locker in den Schatten. Von Herrn Webers lahmen Einlagen im Musikunterricht einmal ganz zu schweigen.

Leider musste die Privatvorstellung bereits nach wenigen Minuten abgebrochen werden, da Budhi von Marc zum Basketballtraining gerufen wurde. Allerdings nahm er Pascal zuvor das Versprechen ab, die Nummer am Abend vor einem größeren Publikum zu wiederholen.

Die Nachricht von der Night Session im zweiten Stock machte schnell die Runde. Und so fanden sich gegen halb zehn abends zahlreiche Gäste in Marcs und Budhis Zimmer ein, um dem Auftritt von Guppys Sohn beizuwohnen.

Pascal genoss es sichtlich, im Mittelpunkt zu stehen. Und er legte los wie der Teufel. Nach und nach spulte er sein gesamtes, äußerst vielseitiges Repertoire ab, von „klassischen" Jimi-Hendrix-Songs bis hin zu topaktuellen Techno-Rhythmen. Seine Zuhörer gerieten immer mehr in Ekstase. Sie klatschten begeistert in die Hände und stampften mit den Füßen auf. Der Lärmpegel schwoll dramatisch an und die Kids verloren jegliches Gefühl für Ort und Zeit.

Plötzlich wurde die Tür aufgerissen und Sven Weber stürmte in den Raum, begleitet von Frau Pätzold. Der Lehrer blickte entgeistert in die Runde und dann zu Pascal, der unbeirrt weiterspielte. Entweder hatte er die Störung überhaupt noch nicht mitbekommen oder er suchte eine erneute Konfrontation mit seinem Intimfeind. Und die schien unausweichlich, denn der junge, normalerweise überaus verständnisvolle Pädagoge stand kurz vor der Explosion.

„Sofort aufhören!", brüllte er. Und als Pascal endlich innehielt, fügte er übertrieben laut hinzu: „Wollt ihr mir vielleicht mal erklären, was hier los ist?"

„Ich spiele Gitarre", antwortete Pascal mit aufreizender Gelassenheit. „Oder wofür halten Sie das hier?"

„Ist doch 'n super Sound, oder?", meinte der blonde David aus der Sechs, der neben seinen Klassenkameraden Ole und Antje sowie deren ein Jahr älteren Zimmergenossin Andrea auf dem Boden hockte.

Sabine Pätzold bemerkte, dass Weber am ganzen Körper zitterte. So wütend hatte sie ihn noch nie erlebt. Sie konnte sich nicht erklären, warum, aber offensichtlich war Pascal ein rotes Tuch für ihn. Das war ihr schon bei der heutigen Konferenz aufgefallen, als der Direktor das Kollegium darüber entscheiden ließ, ob sein Sohn auf Schloss Einstein bleiben dürfe oder nicht. Sven hatte als einziger Einwände geltend gemacht und sich bei der Abstimmung enthalten. Und sein jetziges Auftreten empfand die junge Pädagogin auch als reichlich überzogen.

Um die Situation zu entschärfen, legte sie ihrem Freund beruhigend die Hand auf die Schulter und meinte zu David: „Hast ja Recht. Gegen die Musik ist auch nichts einzuwenden. Wohl aber gegen die Uhrzeit. Ich schlage vor, ihr hört jetzt auf und verschwindet schnell in eure Betten."

Daraufhin erhoben sich die ersten Schüler von ihren Plätzen. Doch der Lehrer war nicht gewillt, die Sache damit auf sich beruhen zu lassen.

„Macht mal Platz!", befahl er und zwängte sich zwischen David und Ole hindurch. „Das ist nächtliche Ruhestörung", giftete er Pascal an, der noch immer seine Gitarre in der Hand hielt und dem Lehrer angriffslustig in die Augen blickte.

„Nun kriegen Sie sich mal wieder ein", erwiderte er. „Wir machen doch nur 'ne kleine Session."

„Mitten in der Nacht?"

„Hey, seien Sie doch kein Spielverderber. Es ist grad mal zehn. Gehn Sie etwa mit den Hühnern schlafen?"

„Jetzt werd nicht auch noch frech." Herr Weber drehte sich mit hochrotem Kopf zu den anderen. „Schluss jetzt! Ihr verschwindet sofort auf eure Zimmer."

„Sven, bitte", versuchte Sabine Pätzold zu vermitteln, „sie gehen ja schon."

Doch Weber war nicht mehr zu stoppen. „Immerhin haben wir an dieser Schule eine Hausordnung. Die besagt, dass ab zehn Uhr absolute Ruhe zu herrschen hat. Und an diese Regel müssen sich alle Schüler halten. Auch für dich wird keine Extrawurst gebraten, Pascal."

„Genau", flüsterte Marc seinem Freund Budhi zu, der neben ihm auf dem Bett saß. „Das geht nun wirklich nicht. Vielleicht sollte er mal Pascals Vater in die Schule bestellen."

Budhi prustete laut los. Doch im nächsten Augenblick verstummte er und blickte verlegen zu Boden. Denn Herr Weber hatte diese ironische Bemerkung mitbekommen. Er blitzte Pascals Kumpels feindselig an und suchte offenkundig nach einer scharfen Entgegnung.

Um Schlimmeres zu verhüten, klatschte Sabine Pätzold jetzt laut in die Hände und schob die ersten Gäste zur Tür hinaus. „Jetzt aber!", rief sie. „Und du, Pascal, baust ganz schnell deine Anlage ab. Und dann husch ins Bett."

Dann nahm sie Weber beim Arm und schob ihn zur Tür. Im Hinausgehen registrierte sie noch, dass Pascal dem Lehrer einen abfälligen Blick nachwarf. Allem Anschein nach beruhte die Wertschätzung der beiden auf Gegenseitigkeit. Das konnte ja noch heiter werden.

Radio Einstein

Alexandra betrat gähnend ihr „Reich", das Schullabor im Dachgeschoss des Haupttraktes von Schloss Seelitz. In der rechten Hand hielt sie eine Teetasse und in der linken ein dickes, zentnerschweres Buch, das sie ächzend auf dem langen Experimentiertisch in der Mitte des Raumes ablegte. Dann ging sie im Halbdunkel weiter zu der kleinen Empore in der hintersten Ecke des Labors, wo unter einem mannshohen, ovalen Fenster ihr Teleskop stand. Draußen setzte gerade die Dämmerung ein. Oben vom Horizont warf der sichelförmige Mond ein schwaches Licht in den Raum.

Das Mädchen kniff ein Auge zu, während sie mit dem anderen durch die Linse schaute. „Guten Morgen, liebes Universum", sagte sie halblaut. „Hast du über Nacht wieder ein paar neue Sterne ausgebrütet?"

In dem Moment öffnete sich knarrend die Tür und Tom, der Primus der Sechs, kam herein. Auch er wirkte noch ziemlich verschlafen. Seine struwweligen Stirnhaare standen noch wirrer vom Kopf ab als gewöhnlich. Müde schaute er auf seine Uhr. „Viertel vor sieben ...", sagte er kopfschüttelnd. „Stehst du immer so früh auf? Dann kriegst du den Nobelpreis ja wirklich noch vor mir."

„Das sowieso." Alexandra knipste den Lichtschalter an, ging zum Tisch und blätterte in ihrem Buch. „Wenn du schön brav bist, werde ich dich vielleicht in meiner Dankesrede lobend erwähnen."

„Sehr großzügig. Aber ich wär schon zufrieden, wenn du mir jetzt 'nen kleinen Tipp geben könntest."

Alexandra wandte sich von ihrem Buch ab und schaute fragend zu ihm hinüber. „Worum geht's?"

„Ich such das Handbuch über Elekrotechnik. Du weißt schon, diesen dicken Schinken mit dem blauen Einband, den wir gestern bei Pasulke dabei hatten. Ich bin mir sicher, dass ich ihn danach in die Schulbibliothek zurückgebracht habe. Doch da ist er nicht."

„Wofür brauchst du diesen Wälzer denn?"

„Für ein Referat in Physik. Über Heinrich Hertz. Ich habe keinen Bock, erst noch x Seiten aus dem web auszudrucken."

„Du meinst den Typ, der die Radiowellen nachgewiesen hat?" Alexandra lachte. „Das ist ja 'n Zufall."

„Zufall?" Tom war irritiert, allerdings bemerkte er in diesem Moment, dass das gesuchte Buch aufgeschlagen am Arbeitsplatz seiner Forscherkollegin lag. „Wie meinst du das?"

„Ich mach dir 'nen Vorschlag", meinte Alexandra und lächelte verschwörerisch. „Ich helf dir bei deinem Referat und du gehst mir bei der Lösung eines praktischen Problems zur Hand."

„Ich versteh nur Bahnhof. Oder besser gesagt Radio."

„Schlaues Kerlchen", erwiderte Alexandra. „Radio ist das Stichwort. Du erinnerst dich doch sicher, was wir gestern bei Pasulke gemacht haben, oder?"

Und ob Tom sich erinnerte. Schließlich hatte die Aktion länger als drei Stunden gedauert. Mit einer Handbibliothek zum Thema Elektrotechnik bewaffnet waren Alexandra und er nach dem Abendessen in die Wohnung des Hausmeisters gestiefelt, um mit ihm gemeinsam dem Phänomen der rätselhaften Stimmen auf den Grund zu gehen. Mit Hilfe eines Lautsprechers und Herrn Pasulkes Tauchsieder, der als eine Art primitiver Antenne gedient hatte, war es ihnen tatsächlich auch gelungen, das Rätsel zu lösen. Vor einigen Wochen war in der Nähe des Internats ein neuer Sendemast, ein sogenannter Umsetzer, errichtet worden, der Radio- und Fernsehwellen brach und in die von der Medienwelt abgeschnittenen umliegenden Dörfer leitete. Seitdem waren dort auch in Haushalten ohne Kabelanschluss oder Satellitenschüssel sehr viel mehr Sender zu empfangen als vorher.

Allem Anschein nach lag der Sendemast so nahe bei Schloss Einstein, dass er dort unbeabsichtigt physikalische Wellen freisetzte. So verwandelte sich Herrn Pasulkes steinzeitliche Kochplatte jedesmal, wenn sie eingeschaltet wurde, in einen Empfänger. Mit viel Geschick und ein wenig Glück hatten Alexandra und Tom so herausgefunden, dass es in der Wohnung des Hausmeisters möglich war, mit diesem Gerät Wasser zu kochen und das Deutschlandradio Berlin zu empfangen.

„Was hat das mit meinem Referat zu tun?", erkundigte sich Tom, der noch immer nicht verstand, worauf das Mädchen hinauswollte.

„Nun denk doch mal nach! Was haben wir gestern entdeckt? Einen primitiven Empfänger, oder?"

Tom nickte.

„Und wer empfangen kann, kann auch senden. Richtig?"

„Herrjeh!" Tom wurde allmählich ungeduldig. Was sollte dieses alberne Spielchen? „Willst du mir nicht endlich die Masterfrage stellen?"

Alexandra seufzte enttäuscht. „Ich dachte, du würdest von selbst drauf kommen. Aber okay. Also, ich hab 'ne Superidee: Du und ich, wir beide bauen zusammen ein Funkgerät."

Sie strahlte ihn an, als hätte sie eine bahnbrechende Erfindung gemacht, die ihr den Nobelpreis einbringen würde. Doch Tom teilte ihre Begeisterung nicht. Im Gegenteil, sein Mienenspiel deutete eher darauf hin, dass er am Verstand seiner Freundin zu zweifeln begann.

„Mann, stell dir doch nur mal vor ..." Das Superhirn der Sieben deutete auf ihr Teleskop. „In die Sterne gucken ist ja schön und gut. Aber mit einem eigenen Sender erreichen wir die ganze Welt! Australien, Feuerland, Japan. Alles kein Problem!" In Alexandras Augen lag ein träumerischer Ausdruck. „Und nicht nur das. Womöglich kommen wir sogar in Kontakt mit Raumstationen. Oder mit unerforschten Galaxien."

Tom glotzte ungläubig. Meinte sie das ernst? Das konnte doch wohl nicht sein. Alexandra galt auf Schloss Einstein als eine außergewöhnliche naturwissenschaftliche Begabung. Selbst Dr. Stollberg hatte mehr als einmal betont, dass er noch nie eine Schülerin oder einen Schüler gehabt habe, die im Alter von nur dreizehn Jahren in Physik, Chemie und Astronomie so weit gewesen wären wie Alexandra Wilde. Aber was sie hier abzog, hatte mit Wissenschaft nichts mehr zu tun. Das war Hokuspokus pur.

Ein weiterer Blick in ihr freudestrahlendes Gesicht machte Tom jedoch klar, dass sie ihn nicht hochnehmen wollte.

„So so“, meinte er schließlich ironisch. „Und du glaubst, dass all die kleinen grünen Männchen in ihren fliegenden Untertassen nichts anderes zu tun haben, als sofort Radio Einstein einzuschalten, wenn sie in unsere Nähe kommen? Ist das deine Vorstellung von außerirdischer Intelligenz?“

Allmählich kam Alexandra in die Wirklichkeit zurück. Aber das hieß nicht, dass sie ihr Vorhaben aufgab. „Also, was ist?“, fragte sie. „Hilfst du mir? Denk an dein Referat.“

„Das ist Erpressung“, murmelte Tom mürrisch. Dann nickte er schicksalsergeben. Er kannte Alexandra gut genug um zu wissen, wann sie mit sich handeln ließ und wann nicht.

Eine glatte Eins

Dr. Lutz Wolfert saß zwischen den Schülern der Sechs auf einer Schulbank und lauschte gebannt dem Vortrag der rothaarigen Vera Seiffert. Das Mädchen hatte für ihr Referat im Sozialkunde- und Ethikunterricht folgendes Thema gewählt: „Der Beruf der Krankenschwester am Beispiel meiner Mutter“. Zunächst hatte der Lehrer äußerst skeptisch reagiert. Die Gefahr, dass das Mädchen keine fundierte und distanzierte Darlegung allgemein gesellschaftlicher Probleme ablieferte, sondern stattdessen in einen persönlich gefärbten Erlebnisbericht verfiel, war bei dieser speziellen, persönlichen Betrachtungsweise sehr groß. Doch je länger Wolfert zuhörte, desto mehr verflogen seine Bedenken. Vera hatte das Material hervorragend aufgearbeitet, streng gegliedert und trug alles ausgesprochen sachlich vor. Allerdings war ihr schon anzumerken, dass sie auf ihre Mutter sehr stolz war.

Für einen kurzen Augenblick ertappte sich der strenge Lehrer bei einer Unaufmerksamkeit. Ohne dass er es verhindern konnte, schweiften seine Gedanken ab. Erst am gestrigen Abend hatte er mit Dr. Stollberg über jene Frau gesprochen, deren Beruf im Zentrum von Veras Vortrag stand. Sibylle Seiffert war mit dem Schulgeld für ihre Tochter bereits zwei Monate im Rückstand und hatte überdies eine erste Mahnung einfach ignoriert. Der stellvertretende Direktor wusste, dass die junge Frau allein erziehend war und ihr Ex-Mann sich aus dem Staub gemacht hatte. Unterhaltszahlungen hatte er nie geleistet. Es war schon beachtlich, dass Veras Mutter das Mädchen trotz allem so gut erzogen hatte. Sie war eine der Besten in der Sechs und würde aller Voraussicht nach ein exzellentes Abitur ablegen. Dennoch konnte man die Angelegenheit nicht einfach auf sich beruhen lassen. Und so steckte bereits ein weiterer Brief an Frau Seiffert mit einer zweiten, dringlicheren Erinnerung in der Brusttasche des Lehrers.

„... zur Krankenpflege gehört auch", drang nun wieder die Stimme der Referentin in Wolferts Bewusstsein, „dass den Kranken bei der täglichen Körperpflege geholfen wird. Bei der Arbeit muss auf absolute Sauberkeit geachtet werden. Desinfektion ist hier das Stichwort. Denn im Krankenhaus gibt es viele Keime, das heißt Krankheitserreger, mit denen sich die Patienten, aber auch die Schwestern, Pfleger und Ärzte anstecken können ..."

Jetzt vernahm Dr. Wolfert in seinem Rücken ein aufgeregtes Schnippen. Er drehte sich um und sah, dass Katharina Börner, die Tochter eines reichen Modefabrikanten, den Arm in die Luft gestreckt hielt.

„Was gibt es denn so Dringendes, Katharina", fragte er mit unverkennbarem Tadel über diese Störung.

„Ich würde gerne mal wissen, was eine Krankenschwester so verdient."

Vera betrachtete ihre Klassenkameradin, die sich wieder mal herausgeputzt hatte, als befände sie sich auf dem Laufsteg und nicht in einer Schulklasse, mit unverhohlenem Missmut.

„Für Designerklamotten reicht es nicht, wenn du das meinst, Katharina", antwortete sie. „Und für das, was meine Mutter leistet, bekommt sie viel zu wenig. Aber Geld ist nicht alles. Für sie ist es wichtig zu wissen, dass sie gebraucht wird. Jeden Tag."

Dr. Wolfert erhob sich und ging zu Vera an das Lehrerpult. „Ich finde, das war jetzt ein eindrucksvolles Schlusswort. Vielen Dank, Vera. Das war ein wirklich ausgezeichnetes Referat, das uns einen sehr lebhaften Einblick in das Berufsbild der Krankenschwester vermittelt hat."

Als er nun anerkennend auf das Pult klopfte und die Schüler begeistert einstimmten, strahlte Vera über das ganze Gesicht. Tagelang hatte sie sich intensiv auf diesen Auftritt vorbereitet und jetzt war sie erleichtert, dass alles so phantastisch gelaufen war. Zufrieden ging sie zu ihrem Platz und setzte sich.

„Du hast deinen Vortrag gut gegliedert", fasste der Lehrer seine Eindrücke zusammen, „interessante Aspekte aufgezeigt und das Thema anschaulich dargestellt. Ihr wisst, dass ich mit dieser Note äußerst sparsam umgehe. Aber für mich war das eine glatte Eins."

Diese Worte riefen ungläubiges Gemurmel hervor, denn kaum ein Schüler konnte sich daran erinnern, dass Dr. Wolfert schon einmal eine Eins verteilt hatte. Selbst Tom, das wandelnde Lexikon, konnte sich glücklich schätzen, wenn Dr. Stollbergs extrem anspruchsvoller Stellvertreter mal ein Plus hinter eine seiner Dauerzweien setzte.

Der allgemeine Tumult wurde übertönt von der Schulglocke, die zur großen Pause läutete. Sofort sprangen alle von ihren Stühlen auf und die ersten waren schon zur Tür hinaus, bevor der Lehrer seine Bücher zusammengepackt hatte. Jetzt sah er, dass auch Vera auf dem Weg nach draußen war, wie fast immer in Begleitung ihrer besten Freundin Nadine.

„Einen Moment bitte, Vera“, rief Wolfert die Schülerin zurück. „Ich habe hier noch etwas für deine Mutter. Einen Brief. Er ist sehr wichtig. Vergiss bitte nicht, ihn ihr sofort zu geben.“

Vera war sichtlich irritiert. Ein Brief Wolferts an die Eltern hatte für gewöhnlich nichts Gutes zu bedeuten. Aber sie hatte in letzter Zeit im Unterricht gut mitgearbeitet und auch keine einzige Arbeit verhauen. Weshalb dann dieses Schreiben?

„Natürlich nicht“, druckste sie, „aber …“

Doch Dr. Wolfert war nicht bereit Erklärungen abzugeben, sondern lächelte nur freundlich und ging ohne ein weiteres Wort an dem Mädchen vorbei Richtung Lehrerzimmer.

Vera stand einen Augenblick lang unschlüssig da. Dann schaute sie zu Nadine, die auf dem Gang wartete. Die großen, braunen Augen ihrer Freundin konnten die Neugier nicht verhehlen. Sie hätte zu gerne gewusst, was Wolfert eben noch gewollt hatte. Doch Veras Gedanken waren schon wieder ganz woanders.

„Eine Eins bei Wölfchen“, sagte sie glücklich, „ich kann’s noch immer nicht fassen.“

„Na, ist doch auch super gelaufen.“ Nadine zögerte kurz, ehe sie fortfuhr: „Du bist ziemlich stolz auf deine Mutter, oder?“

„Wundert dich das etwa?“ Vera blieb stehen und dachte nach. „Schließlich ist sie ’ne verdammt starke Frau. Stell dir das doch mal vor: Mit 18 ein Baby bekommen und der Typ haut einfach ab. Auf Nimmerwiedersehen. Und das mitten in der Ausbildung.“

Nadine nickte. Sie kannte Veras Geschichte, zumindest teilweise. Seit sie zu Beginn des Schuljahres nach Seelitz gekommen war, hatte sie sich schnell mit Vera angefreundet und sie schon öfter in Potsdam besucht. Das Mädchen war eine der wenigen Externen auf Schloss Einstein. Und Nadine hatte sich auf den ersten Blick in Veras Bude in der kleinen Zweieinhalbzimmerwohnung in diesem ultrahässlichen Plattenbauhochhaus verliebt. Nie zuvor hatte sie mit einem Mädchen engeren Kontakt gehabt, das in derart beengten Verhältnissen lebte. Doch Vera schien das nichts auszumachen. Sie vermisste nichts. Im Gegenteil, sie pflegte geradezu ihren Außenseiterstatus unter den Einstein-Kids, die überwiegend aus wohlhabenden Elternhäusern stammten. Wenn die darüber stritten, wer von ihnen die schicksten und teuersten Klamotten besaß, machte sie auf Grunge und stand, ganz stilgetreu, nicht auf Techno oder die Backstreet Boys, sondern auf Kurt Cobain und Nirvana.

„Aber sie hat's trotzdem geschafft", fuhr Vera fort, als Nadine keine Antwort gab. „Sie hat mich großgezogen, ihre Lehre beendet und ist Stationsschwester geworden. Und ich wette, mit 35 ist sie Oberschwester. Garantiert."

„Ganz schön tough", bestätigte Nadine unsicher. Irgendwie fühlte sie sich mies, weil ihr bislang alles immer nur in den Schoß gefallen war.

Inzwischen waren die Freundinnen in der Schülerbar angelangt und hatten sich in die Schlange am Getränkeautomaten eingereiht. Bis sie an die Reihe kamen, sprach keine von ihnen ein Wort. Dann warf Nadine ihr Markstück ein und zog eine Cola. „Was ist eigentlich mit deinem Vater?", fragte sie nun. „Vermisst du den nicht?"

Vera zuckte verächtlich die Schultern. „Du meinst meinen Erzeuger! Einen Vater hab ich nicht. Punkt! Nein, ich vermisse ihn nicht. Mama und ich kommen auch ohne ihn gut zurecht. Wir haben keine Geheimnisse voreinander."

„Findest du das okay?" Nadine nippte an ihrer Flasche. „Ich finde, Mütter müssen nicht alles wissen."

„Das ist deine Meinung", erwiderte Vera gereizt.

Nadine schrak zusammen. Hatte sie etwas Falsches gesagt? Weshalb funkelte Vera sie so wütend an? Doch im nächsten Augenblick war sie wieder völlig normal. „Du glaubst gar nicht, wie ich mich auf ihr Gesicht freue, wenn ich ihr von der Eins erzähle", sagte sie.

„Hast du ihr dein Referat vorher gezeigt", erkundigte sich Nadine zaghaft. Sie war noch immer verunsichert wegen der harschen Reaktion ihrer Freundin.

Für einen Moment blickte Vera nachdenklich vor sich hin. Sie erinnerte sich, dass sie genau das heute früh hatte tun wollen. Doch ihre Mutter hatte angeblich keine Zeit gehabt. Dabei wusste Vera, dass sie in dieser Woche für die Spätschicht eingeteilt war. Irgendwie war das seltsam gewesen. Vor allem diese merkwürdige Druckserei, als Vera sich erkundigte, was sie denn so Wichtiges vorhabe.

„Nein", antwortete sie nach einer bedrückend langen Pause. „Heute früh ging es nicht. Aber nachher bestimmt. Die wird Bauklötze staunen."

„Wann kommt sie denn nach Hause?"

„Spät. Schätze, erst nach zehn. Dann liege ich bestimmt schon im Bett." Vera stellte ihre leere Colaflasche in die Kiste neben dem Automaten. Dann drehte sie sich zu ihrer Freundin um und sagte mit glänzenden Augen: „Aber ich werde sie überraschen. Ich lass die AG bei Weber einfach sausen und besuche sie im Krankenhaus." Sie lachte. „Mann, die wird Stielaugen machen."

„Weißt du was?", meinte Nadine plötzlich begeistert. „Ich komm einfach mit. Das möchte ich unbedingt miterleben."

Für Bruchteile von Sekunden war Vera völlig baff. Sie schien selber nicht zu wissen, ob sie diese Idee gut oder schlecht finden sollte. Doch als sie Nadines bittenden Gesichtsausdruck sah, war es ihr unmöglich, nein zu sagen.

Lehrerfreie Zone

Nach Unterrichtsende setzte rege Geschäftigkeit ein in den Gängen und Fluren des Internats. In allen Zimmern durchwühlten die Kinder ihre Schränke und Schreibtische und schleppten alles mögliche in den Keller. Einige Schüler der Sieben, die größten und kräftigsten, pendelten ständig zwischen dem Dachboden und den unterirdischen Gewölben hin und her. Sie verfrachteten Möbelstücke, die schon vor Ewigkeiten aussortiert worden waren, in die „lehrerfreie Zone" von Schloss Einstein. Die befand sich seit einigen Stunden im größten Kellerraum des alten Bauwerks. Dank Herrn Pasulke. Und Dank Sven Weber.

Der Sportlehrer hatte nämlich, freilich unbeabsichtigt, den ersten Anstoß zu dem allgemeinen Durcheinander gegeben. Unter den missbilligenden Blicken seiner Freundin hatte Weber dem Direktor von der nächtlichen Session in Budhis und Marcs Zimmer gepetzt. Ein unbeteiligter Zuhörer hätte leicht den Eindruck gewinnen können, im zweiten Stock hätte in dieser Nacht eine wilde Orgie stattgefunden. „Nächtliche Ruhestörung" und „Verstoß gegen die Hausordnung" waren noch die harmlosesten Ausdrücke, die der ungewöhnlich gereizte Pädagoge für die Night Session mit Hendrix fand. Nicht nur Sabine Pätzold, sondern auch Dr. Stollberg waren erstaunt über den geradezu wolfertschen Ordnungssinn des normalerweise liberalen Erziehers.

Der Direktor fand wieder einmal eine schnelle unkonventionelle Lösung des sich abzeichnenden Problems. Selbstverständlich war es auf Dauer niemandem zuzumuten, dass sein Sohn und dessen Freunde nachts auf ihren Zimmern musizierten. Vor allem nicht mit E-Gitarre und Verstärker. Andererseits sollte im „Albert-Einstein-Gymnasium" jedes Talent gefördert werden, auch das musikalische. Und so hatte der Schulleiter Herrn Pasulke gebeten herauszufinden, ob man in den Kellergewölben nicht einen Probenraum für die Schüler herrichten könne.

Wie nicht anders zu erwarten, hatte der Hausmeister schon bald einen geeigneten Raum ausfindig gemacht. Und Pascal hatte seinem Vater listig das Versprechen abgerungen, dass dieser Raum von Erwachsenen ohne Zustimmung der Schüler nicht betreten werden durfte. Damit war die Idee einer „lehrerfreien Zone" geboren und sogleich in die Tat umgesetzt worden.

Gegen vier Uhr nachmittags nahm der Raum allmählich Gestalt an. Alte, ausgediente Sofas und Sessel boten, verhüllt von Decken, heimelige Sitzgelegenheiten, während gegenüber, an einer kalkweißen Wand, eine Bühne entstand. Pascal legte die Kabel von den Instrumenten zu Lautsprechern, Verstärkern und anderem Equipment und rief seinen Mitschülern lautstark zu, was sie zu tun und was zu lassen hätten.

„Hey, vorsichtig!", brüllte er Ole aus der Sechs an, der gerade die Drums aufbaute. „Das ist keine Blechtrommel, sondern eine hochsensible Anlage."

Ole schnitt eine verächtliche Grimasse. Ihm war deutlich anzumerken, wie sehr ihn das Bandleader-Gehabe von Stollberg junior nervte. Doch er wagte nicht zu widersprechen.

„Schön cool bleiben, Alter", versuchte Budhi den langhaarigen Blonden zu beruhigen. Doch Pascal hatte sich bereits auf sein nächstes Opfer eingeschossen.

„Was soll der Scheiß?", schnauzte er Katharina an, die verschiedene Poster vor sich auf dem Fußboden ausgebreitet hatte. „Willst du etwa deine bescheuerten Ponybilder hier aufhängen?"

Das Mädchen ignorierte diesen Anpfiff ganz einfach und blickte fragend zu Budhi, mit dem sie seit einigen Wochen ging. „Was meinst du? Leonardo und Kate in ‚Titanic'? Oder doch lieber Sasha?"

„Oh Mann", erwiderte Budhi genervt. Hatte seine Freundin wirklich keine schwerwiegenderen Probleme? „Häng doch einfach alle auf. Die Wände sind eh kahl wie Guppys Schädel."

Bei dieser Anspielung auf den spärlichen Haarwuchs seines Vaters musste selbst Pascal grinsen. „Ja", stimmte er zu. „Meinetwegen häng alles auf, was du hast. Ich hab selber noch 'n Poster von Jimi Hendrix oben. Der wird sich im Grab umdrehen, wenn er plötzlich Blümchen oder Oli P. neben sich sieht. Aber egal. Hauptsache Stimmung in der Bude."

„Sagt mal ..." Katharina hatte schon eines ihrer Poster links oben befestigt, hielt jedoch nun mitten in ihrer Tätigkeit inne, so dass die andere Hälfte des Plakats herabfiel und sich um ihren Arm rollte. „Wenn wir schon eine Schulband gründen, brauchen wir auch einen Namen." Sie rieb sich nachdenklich das Ohr. „Wie wärs mit ‚Keller Perlen'? Oder ‚Underground Kings'?"

„Warum nicht gleich ‚Rolling Einstones'", entgegnete Ole unter lautem Gegröhle der anderen.

„Hey, das ist gar nicht mal so übel", übertönte Pascal seine Kumpels. „‚Rolling Einstones'? Hmmm ... vielleicht doch besser ‚Einsteins Kids' .... ‚Einsteins Enkel'? Ha, jetzt hab ichs." Er schlug sich mit der flachen Hand vor den Kopf. „Was haltet ihr davon: ‚Alberts Enkel'?"

Für einige Sekunden herrschte eine erwartungsvolle, fast gespenstische Stille. Dann sprang Budhi auf und rief begeistert: „Mann, Alter, das ist's. Genial. Könnte fast von mir sein."

Ehe auch nur irgendjemand reagieren konnte, hatte er bereits eine der Sprayflaschen gezückt, mit deren Hilfe die Kids schon zuvor einige Wände des kargen Kellerraumes mit wüsten Graffities verziert hatten. Dann sprühte er in roter Farbe den Namen der Band an die Wand hinter der improvisierten Bühne: „Alberts Enkel"!

„Wow!", rief der dunkelhaarige Ole aus der Sechs begeistert aus. „Jetzt fehlt nur noch die Hymne, von der ihr die ganze Zeit faselt."

Pascal, Budhi und Marc schauten einander hilfesuchend an. Im Gegensatz zu dem Sechstklässler, der nur wiederkäute, was er aufgeschnappt hatte, wussten sie genau, worum es ging. Nämlich um Pascals vorerst letzten Kleinkrieg mit Sven Weber, heute in der vierten Stunde, im Musikunterricht.

Der Lehrer hatte abermals über den Unterschied zwischen Komposition und Improvisation doziert und den Schülern anschließend Instrumente in die Hand gedrückt, vom Tamburin über eine Rassel bis hin zur Trommel. Dann hatte er sie aufgefordert, spontan auf eine Melodie zu reagieren, die er ihnen auf der Gitarre vorgeben wollte. Alle hatten mehr oder weniger begeistert mitgemacht. Alle – bis auf Pascal. Der hatte nur gelangweilt zum Fenster hinausgestarrt und Webers angestrengte Bemühungen müde belächelt.

„Hey, vielleicht entwickelt sich aus unseren Improvisationen ja so was wie die Hymne von Schloss Einstein", hatte der Lehrer die Schüler aufzumuntern versucht. Für einen Augenblick war die Zeit für ihn zurückgedreht. Er war selbst wieder 15, hatte lange Haare wie Pascal und wollte den Mädchen seiner Klasse imponieren. „Forever young", dachte er.

Doch Pascsal riss ihn aus seinem Traum. Er stand auf, nahm ihm die Gitarre aus der Hand und sagte: „Was Sie hier spielen, wird höchstens die Hymne für 'ne Krabbelgruppe." Dann griff er selber in die Seiten.

Halb bewundernd, halb neidisch hatte der Lehrer mitansehen müssen, wie der neue Schüler ihm einmal mehr die Show stahl. Im Handumdrehen hatte Pascal die Klasse auf seiner Seite. Begeistert stimmten alle in den von ihm vorgegebenen Rhythmus ein und versuchten mit ihren Instrumenten auf seine Vorgaben zu antworten. Resigniert hatte der Musiklehrer daraufhin nachgegeben: Pascal und seinen Freunden blieben 24 Stunden, um eine „Schloss-Einstein-Hymne“ zu komponieren, die peppiger war und mehr Groove hatte, als das, was Sven Weber drauf hatte.

„Wie klingt eigentlich eine Hymne?“, erkundigte sich David, der die Auseinandersetzung genausowenig mitbekommen hatte wie seine Klassenkameraden Ole und Katharina.

„Na, irgendwie hymnisch halt“, meinte Katharina, die endlich ihr „Titanic“-Poster an der Wand befestigt hatte.

„Klaro!“, bestätigte Budhi ironisch. „Der Rest findet sich dann schon. Oder?“

Doch Pascal war auf einmal ungewöhnlich ernst.

„Hört auf mit dem Geschwafel!“, meinte er. „Also, bei einer Hymne muss es soundmäßig in die Vollen gehen.“ Er stimmte auf seiner Gitarre die ersten Takte der Marseillaise an. „So zum Beispiel. Und das dann mit vollem Einsatz. Streicher, Pauken, Trompeten ... alles, was Lärm macht.“

Plötzlich wechselte er Rhythmus und Melodie und stimmte „God save the Queen“ an. „Oder so“, sagte er. „Irgendwas in dieser Art müssen wir basteln. Also los. Wir haben 24 Stunden. Das heißt, jetzt sind's höchstens noch achtzehn.“

Böse Überraschung

Anfangs war Vera gar nicht wohl gewesen bei dem Gedanken, dass ihre Freundin sie ins Krankenhaus begleiten wollte. Doch sie hatte es nicht übers Herz gebracht, den Vorschlag abzuschmettern. Nadines Freude über das erfolgreiche Referat war so aufrichtig gewesen, dass Vera meinte, sie dafür belohnen zu müssen.

Im Bus nach Potsdam hatten sich die Mädchen die ganze Zeit über angeschwiegen. Nach und nach war das Eis aber gebrochen. Und als sie den Park vor der Klinik, in der Frau Seiffert arbeitete, erreichten, waren die beiden so angeregt in ihr Gespräch vertieft, dass sie fast schon nicht mehr wussten, weshalb sie eigentlich hergekommen waren.

Im Laufe des Gespräches hatte Vera festgestellt, dass Nadine zwar sehr viel über sie und ihre Mutter wusste, sie selbst aber kaum etwas über die Familienverhältnisse der Steiners. Allerdings hatte sie auch nie danach gefragt. Schon damals nicht, als Nadine sie mit einem Besuch überrascht hatte und ewig geblieben war. So lange, dass sie bei ihrer Rückkehr durch den Keller ins Internat einbrechen musste.

Jetzt war die Gelegenheit gekommen. Vera fragte.

„Weißt du", versuchte Nadine Veras Neugier zu befriedigen, „so ganz verstehe ich selber nicht, was Papa eigentlich macht. Es hat irgendwas mit neuen Medien zu tun. Er entwickelt Computerprogramme."

„Ich denke, er ist Lehrer", bemerkte Vera.

„Schon lange nicht mehr. Er ist seit zwei Jahren Referent im Bildungsministerium."

„Ach so." Vera erinnerte sich, dass Nadine tatsächlich mal so was erzählt hatte. „Und deine Mutter?"

Nadine zögerte. Es war ihr anzumerken, dass sie nicht gerne über dieses Thema sprach. „Eigentlich ist sie Anwältin. Aber nach meiner Geburt hat sie aufgehört zu arbeiten. Bis vor ein paar Monaten." Sie seufzte. „Das ist ja der Grund, weshalb ich hier bin."

„Na ja, ist ja auch nicht so einfach, wenn man fast zwölf Jahre aus dem Job raus war", kommentierte Vera verständnisvoll. „Außerdem, wenn sie nicht wieder angefangen hätte, wären wir uns wohl nie im Leben über den Weg gelaufen."

„Da hast du Recht", bestätigte Nadine. Plötzlich musste sie daran denken, mit welcher Begeisterung sie vor ein paar

Monaten die Reise nach Seelitz angetreten hatte. Von einem Tag auf den anderen waren die Rollen völlig vertauscht gewesen: Sie selbst hatte den Beginn des neuen Schuljahres kaum erwarten können, und ihre Mutter war während der Ferien immer stiller, immer trauriger geworden. Zuletzt hätte sie ihre Entscheidung, Nadine aufs Internat zu schicken, am liebsten rückgängig gemacht. So schnell änderten sich die Zeiten.

Erneut herrschte Schweigen zwischen den Freundinnen. Sie gingen nebeneinander her und jede hing ihren Gedanken nach. Plötzlich blieb Nadine stehen. Mit einem Blick sah sie in einigen Metern Entfernung eine junge, kaum einen Meter sechzig große Frau an ihnen vorbeilaufen. Sie schien ebenso in ihre Gedanken vertieft wie die Mädchen und bekam nichts von ihrer Umwelt mit. Doch bei Nadine machte es Klick.

„Sag mal", rief sie, „war das nicht deine Mutter?"

Vera drehte sich zögernd in die Richtung, in die ihre Freundin schaute. Doch die Passantin verschwand in eben dieser Sekunde aus ihrem Blickfeld. Irritiert schaute Vera auf ihre Armbanduhr.

„Nein", sagte sie dann bestimmt. „Es ist gleich halb vier, Mama ist auf der Station."

Völlig überzeugt schien Nadine jedoch nicht zu sein. „Na, dann sah sie ihr aber verdammt ähnlich."

„Doppelgänger solls ja geben", meinte Vera. „Aber eine Mutter reicht mir, so gut wir uns auch verstehen." Sie schaute wieder nach vorn. „Komm, es ist nicht mehr weit."

Tatsächlich hatten sie inzwischen das Ende der Allee erreicht und standen vor einer Front von vier riesigen weißen Gebäuden, die allesamt gleich aussahen. Jedes von ihnen hatte mindestens sechs Stockwerke und hier wie dort reihte sich Fenster an Fenster. Das Ganze erinnerte Nadine an Waben in einem Bienenhäuschen. Nur wirkten die für gewöhnlich einladend. Dieser Gebäudekomplex dagegen war abschreckend. Wenn sie jemals ernsthaft krank würde, hoffte Nadine nicht hier zu landen.

Vera ging zielstrebig auf das zweite Haus von rechts zu und hielt die schwingende Drehtür an, bis ihre Freundin sie eingeholt hatte. Dann setzte sie sie wieder in Bewegung, trat ins Foyer und ging mit einem Kopfnicken an der jungen Schwester vorbei, die gelangweilt an der Information saß. Im Grunde hätte die Frau die Kinder nicht passieren lassen dürfen. Doch Nadine bezweifelte, dass sie die unangemeldeten Besucher überhaupt wahrgenommen hatte.

Vera kannte sich in dem Krankenhaus bestens aus. Sie wanderte zielstrebig einen endlosen Gang entlang zu einem Lift, der nur für das Hauspersonal bestimmt war, drückte auf einen Knopf und wartete geduldig, bis der Aufzug endlich anhielt. Dann bedeutete sie ihrer Freundin mit einer Geste, ihr zu folgen. Wenig später waren die beiden im fünften Stock und Vera trat auf den Flur.

„Das hier ist die Innere II“, erklärte sie. „Hier wird alles behandelt, von Magen-Schleim-Haut-Entzündungen bis hin zu Leberzirrhosen. Meine Mutter arbeitet auf der Inneren I. Das ist da hinten.“ Sie deutete auf einen Gang, der nach links führte. „Wir sind fast da.“

In diesem Augenblick kam ihnen vom anderen Ende des Flurs ein etwa 35-jähriger Mann in einem weißen Kittel entgegen. Er hatte dunkles, lichtes Haar und sah erschöpft aus. Achtlos ging er an den Freundinnen vorüber und gähnte laut. Dann jedoch blieb er abrupt stehen. „Vera?“

Vera stutzte. Sie hatte den Mann auch nicht gleich erkannt. „Ach, Sie sind es, Dr. Wengler.“ Sie überlegte, was sie sagen sollte. „Sie sehen müde aus.“

„Das kannst du wohl sagen.“ Der Arzt lächelte gequält. „Ich bin seit fast zwanzig Stunden auf den Beinen. Du weißt ja, Notdienst. Aber was führt dich zu uns?“

„Na ja, ich wollte meine Mutter überraschen. Haben Sie sie gesehen?“

Dr. Wengler blickte das Mädchen irritiert an. „Deine Mutter? Nein … aber …“

„Ich wollte sie überraschen.“

„Wie … ist sie hier?“ Dann schien er zu begreifen. „Ach so. Sie besucht ihre alten Kolleginnen, ja? Na, dann ist sie vermutlich im Schwesternzimmer.“ Jetzt ertönte sein Pieper. „Verdammt, nicht schon wieder“, fluchte er und stürzte eilig los. Plötzlich aber hielt er inne und wandte sich wieder den Mädchen zu. „Bestell ihr auf jeden Fall schöne Grüße von mir. Ich bedauere es wirklich sehr, dass sie nicht mehr bei uns ist.“

„Wie?“ Vera starrte den Arzt fassungslos an. „Was heißt das? Wo ist sie denn? Ist sie versetzt worden? Davon hat sie mir gar nichts erzählt.“

„Versetzt?“ Dr. Wengler war völlig verwirrt. „Nein … aber … wieso?“

Vera verstand immer weniger, was da gespielt wurde. „Zum Teufel noch mal“, stieß sie wütend hervor, „was ist hier eigentlich los?“

Nadine bemerkte, dass ihre Freundin am ganzen Körper bebte. Und obwohl auch sie nicht verstand, was die rätselhaften Bemerkungen des Arztes bedeuten mochten, spürte sie instinktiv, dass sich hier ein Unheil zusammenbraute. Tröstend legte sie den Arm um Veras Schultern. Doch die riss sich los.

„Ich will wissen, was los ist“, schnaubte sie.

Dr. Wengler wand sich unbehaglich. „Nun, deine Mutter arbeitet hier nicht mehr.“

„Was heißt das? Wo ist sie denn?“

„Woher soll ich das wissen?“, erwiderte der Mann hilflos. Dann begriff endlich auch er, wie es um das Mädchen stand. Offensichtlich hatte die Stationsschwester Vera Seiffert ihre Tochter nicht darüber informiert, was vorgefallen war.

Dennoch dauerte es eine Ewigkeit, bis er sich endlich gefangen hatte. Dann ging er einen Schritt auf Vera zu, streckte seine Hand aus und zog sie hilflos wieder zurück.

„Die beiden internistischen Abteilungen sind zusammengelegt worden", sagte Dr. Wengler mit leiser Stimme. „Anscheinend weißt du das nicht. Na ja, es wird halt überall gespart. Auch bei uns mussten einige Mitarbeiter entlassen werden."

Endlich begriff Vera. „Meine Mutter ist entlassen worden?"

Dr. Wengler nickte.

„Das kann doch nicht sein."

„Doch ..." Der junge Arzt sah auf einmal so betrübt aus, als hätte er selber seinen Job verloren. Er wusste nicht, wie er das Mädchen trösten sollte. Doch zum Glück – für ihn – meldete sich jetzt erneut sein Pieper. „Du grüßt sie von mir, versprochen?", rief er Vera zu, während er erleichtert davoneilte.

Einige Sekunden lang verharrte Vera reglos auf der Stelle. Nadine stand verunsichert neben ihr und dachte nach, wie sie ihrer Freundin helfen konnte. „Vera", flüsterte sie besorgt und wollte ihr den Arm um die Schulter legen. Doch Vera stieß sie von sich und lief wortlos davon.

Nadine fühlte sich mies wie selten zuvor in ihrem Leben. Sie wusste weder ein noch aus. Allein lassen konnte und wollte sie Vera in dieser Stimmung nicht. Doch der Freundin zu folgen war ihr ebenso unmöglich. Was sollte sie tun?

Während Nadine noch verzweifelt überlegte, was sie nun tun sollte, war Vera bereits im Park vor dem Krankenhaus angelangt. Sie fragte sich, ob dies der schlimmste Augenblick in ihrem bisherigen Leben war. Doch da gab es keinen Zweifel: Er war es. Nach dem Referat bei Dr. Wolfert noch himmelhochjauchzend, war sie nun zu Tode betrübt. Schlimmer konnte es kaum noch kommen. Oder doch? Jetzt sah sie den Lehrer wieder vor sich. Nach der Stunde. Wie er ihr den Brief in die Hand drückte. Er sei „sehr, sehr" wichtig.

Panisch kramte sie in ihrer Schultasche herum, zog den Umschlag heraus und las das Schreiben, das an ihre Mutter gerichtet war.

„‚Bei erneuter Prüfung unserer Unterlagen mussten wir leider feststellen, dass Sie das längst fällige Schulgeld für Ihre Tochter trotz unserer Zahlungserinnerung noch immer nicht entrichtet haben.'"

Für einen Augenblick ließ Vera ihre Hand mit dem Zettel sinken. Tränen traten ihr in die Augen. Sie ahnte, wie es weitergehen würde. Aber wollte sie es wirklich wissen? Doch jetzt gab es kein Zurück mehr.

„‚Sollte es Ihnen aus wirtschaftlichen Gründen zur Zeit unmöglich sein'", las sie weiter, „‚das Schulgeld zu begleichen, stehe ich Ihnen gerne für ein vertrauliches Gespräch zur Verfügung. Wir weisen Sie jedoch darauf hin, dass gemäß der Statuten unserer Schule ein Schulbesuch abhängig ist von der regelmäßigen und pünktlichen Zahlung des vereinbarten Schulgeldes.'"

Die nächsten Zeilen des Briefes an ihre Mutter nahm Vera nur noch verschwommen wahr. Was sie bis dahin gelesen hatte, genügte allerdings, um ihre schlimmsten Befürchtungen zu bestätigen. „Ich fliege vom Internat", murmelte sie bestürzt.

AT 031285 an alle

Ursprünglich hatte Tom für Alexandras Idee, auf Schloss Einstein einen eigenen Radiosender einzurichten, nur ein müdes Lächeln übrig gehabt. Seiner Meinung nach konnte das nicht gelingen. Und wenn doch, würde sich niemand für ihre Mitteilungen an die Welt interessieren.

Aber das Mädchen ließ nicht locker. Emsig stöberte sie im Labor herum und stapelte alles, was ihr auch nur im Entferntesten für ihr Vorhaben verwendbar erschien, auf den Arbeitstisch. Groß war die Ausbeute allerdings nicht.

Als nächstes wandelte Alexandra von Zimmer zu Zimmer und luchste ihren Kameraden ausgediente elektrische Geräte ab, vom vorsintflutlichen Transistorradio über nur noch leiernde Walkmen bis hin zu einem „elternlosen“ Tamagotschi.

Nach und nach verwandelte sich das ordentlich aufgeräumte Labor in eine Halde für Elektromüll. Und Alexandras Erfindereifer ließ merklich nach. Tom fühlte sich bestätigt und stichelte, sie sollten es vielleicht mit Brieftauben versuchen.

Doch dann kam unerwartete Hilfe. Herr Pasulke erschien im Labor und bestaunte das Durcheinander. Er löcherte die beiden so lange mit neugierigen Fragen, bis sie ihm von ihrem Plan erzählten. Leider schien der bereits gescheitert zu sein, bevor er überhaupt in die Tat umgesetzt wurde. Denn die Fundstücke reichten vorn und hinten nicht, um einen Sender zu bauen. Und Geld, um das erforderliche Zubehör zu kaufen, hatten sie nicht.

Der Hausmeister kratzte sich nachdenklich hinterm Ohr und unterbreitete den Kindern dann einen Vorschlag. In einem Verschlag im Keller, der seit Monaten darauf wartete, endlich einmal aufgeräumt zu werden, befanden sich womöglich auch ausrangierte Elektrogeräte. Wenn sie dort für Ordnung sorgten, dürften sie alles behalten, was sie gebrauchen konnten.

Später am Nachmittag stiegen die jungen Techniker in die Gewölbe von Schloss Einstein hinab und machten sich an dem von Herrn Pasulke beschriebenen Gerümpelhaufen zu schaffen. Im schummrigen Zwielicht des Kellers sortierten sie alte Zeitschriften, ausgeleierte Matratzen, demolierte Stühle und allen möglichen anderen Unrat auf einen großen Haufen. Staub wirbelte auf und die Luft wurde immer stickiger. Alles lag hier rum, nur nicht das, wonach sie suchten.

„Ich weiß nicht", sagte Alexandra hustend und wischte sich die schmutzigen Finger an der Hose ab, „aber für mich ist das alles nur Schrott."

„Na ja, 'ne Fundgrube für High-Tech-Bastler ist es wirklich nicht", bestätigte Tom und warf eine alte Blechkanne zu dem anderen Krimskrams. „Ich hab allmählich den Verdacht, der gute Heinz Pasulke hat sich einen ziemlich dummen Scherz mit uns erlaubt."

„Ja. Wahrscheinlich sitzt er in seiner Küche, trinkt gemütlich Kaffee und lacht sich 'nen Ast über unsere Blödheit. Wollen wir aufhören?"

„Noch nicht." Tom deutete auf die düstere Ecke. „Wir haben ja noch nicht mal die Hälfte von dem Zeug durchforstet. So leicht lassen wir uns nicht unterkriegen."

Alexandra seufzte wehmütig. Sie hatte anscheinend jegliche Hoffnung aufgegeben, ihren Traum zu verwirklichen. Der ein Jahr jüngere Tom dagegen war unermüdlich. Die Widerstände stachelten seinen Ehrgeiz an. Was er eben noch als Schnapsidee abgetan hatte, verfolgte er nun mit wahrer Besessenheit.

Tatsächlich wurde seine Ausdauer dann auch belohnt. Nachdem sie mehr als eine Dreiviertelstunde stöhnend und ächzend geschuftet hatten, stieß Alexandra in der hintersten Ecke des Verschlags auf eine Holzkiste. Keuchend zog sie das schwere Teil in die Mitte des Kellers und betrachtete die Utensilien, die darin versteckt lagen.

Je länger sie stöberten, desto größer wurde ihr Staunen. Sie hatten einen Schatz ausgegraben: Obenauf lag ein Radiogerät aus den sechziger Jahren, das Alexandra verdächtig an den vorsintflutlichen Empfänger in der Küche des Hausmeisters erinnerte. Darunter befanden sich ein monströses Aufnahmegerät, Mikrofone, Lautsprecher, Kabel, Kopfhörer,

Verlängerungsschnüre und jede Menge elektronische Kleinteile. Nichts von alledem war auf dem neuesten Stand der Technik und ein Computerspezialist hätte angesichts dieser Fossilien höchstens die Nase gerümpft. Doch ein geschickter Bastler fand hier alles, was das Herz begehrte.

„Bingo!", rief Alexandra. Ihre Niedergeschlagenheit schlug augenblicklich in Begeisterung um. „Ich nehme alles zurück: Herr Pasulke, Sie werden in die Geschichte der Technik eingehen. Als Geburtshelfer von Radio Einstein."

Tom war noch nicht restlos überzeugt. „Also, ein Cousin von mir studiert Archäologie", nörgelte er. „Könnte mir gut vorstellen, dass der so was auch schon mal ausgegraben hat. Bei Gizeh. Den Empfänger von Kleopatra."

„Spar dir deine Sprüche!", wies Alexandra ihn zurecht. „Komm, lass uns Pasulkes Müll auf den Hof bringen. Danach holen wir die Kiste und fangen gleich an."

Als kurz nach fünf Uhr die Dämmerung einsetzte, hatten die Kinder ihren Teil der Vereinbarung mit Herrn Pasulke eingelöst. Vor der Einfahrt zum Schlossgelände stapelte sich der Abfall aus dem Keller und wartete auf die Sperrmüllabfuhr.

Danach hievten sie die Holzkiste all die Treppen hinauf ins Labor, holten die für ihre Arbeit erforderlichen Bücher aus der Bibliothek und machten sich sofort ans Werk. Als das Signal zum Abendessen ertönte, hatten sie bereits den Grundstein zu ihrem Sender gelegt. Auf einer riesigen Platte waren zahllose Kleinteile befestigt und durch Strippen und Kabel miteinander verbunden.

„Hast du Hunger?", fragte Alexandra.

„Schon. Aber wir haben noch allerhand zu tun." Tom schaute zum Fenster hinaus in die Dunkelheit. Alexandra hatte ihn endgültig angesteckt. „Lass uns weitermachen! Wenn alles klappt, können wir heute Abend noch auf Sendung gehen."

Wie nicht anders zu erwarten, stimmte das Mädchen zu. „Ganz meine Meinung. Im schlimmsten Fall plündern wir nachher noch den Kühlschrank."

Eine halbe Stunde später tauchte Herr Pasulke im Labor auf. Fasziniert sah er zu, wie Alexandra hoch konzentriert zwei Drähte verlötete. Der kleine Professor aus der Sechs stand mit einem aufgeschlagenen Buch neben ihr und gab Anweisungen. Beide waren so in die Arbeit vertieft, dass sie ihn gar nicht bemerkten.

„Entschuldigung", machte der Gast sich bemerkbar, „darf man mal stören? Oder fällt das unter Werksspionage?"

Alexandra nahm die Schutzbrille ab und strahlte ihn an. „Für Sie hab ich immer Zeit, Herr Pasulke. Sie sind ein Schatz. Es ist unglaublich, was wir in dem Loch alles gefunden haben."

„Ja", bestätigte Tom und legte seinen Wälzer auf den Tisch. „Sie werden im Buch der Radiotechnik einen Ehrenplatz erhalten."

Der Hausmeister lächelte verschmitzt. Anscheinend glaubten die beiden wirklich, dass der Elektromüll schon seit Jahren im Keller vor sich hingerostet war. In Wahrheit hatte er die Kiste erst nach der Mittagspause dort unten versteckt. Herr Pasulke war nämlich ein leidenschaftlicher Sammler, er hob alles auf, von dem er glaubte, es könne irgendwann noch mal zu etwas nütze sein. Und so hatte er seine Wohnung und seinen privaten Abstellraum ausgemistet. Zuletzt hatte er sogar sein geliebtes Radio dazu gelegt.

„Heißt das, ihr seid in dem Verschlag fündig geworden?", fragte er scheinheilig

„Und ob", antwortete Alexandra. „Das war 'ne richtige Wundertüte. Wir feiern gleich Richtfest. Wenn alles klappt, können wir heute noch loslegen."

Bewundernd nahm der Hausmeister nun das Konstrukt auf der Holzplatte in Augenschein. „Mannometer!", rief er und pfiff anerkennend. „Das sieht hoch kompliziert aus. Alle Achtung!"

„Was Sie da sehen", sagte Tom schmunzelnd, „ist eine absolute Weltpremiere. Ein echter Pasulkometer."

Der Hausmeister war geschmeichelt. Doch er wehrte bescheiden ab. „Ein Pasulkometer? Danke, aber das ist zuviel der Ehre. Erst benennt Alexandra einen Stern nach mir und jetzt auch noch einen Sender. Nee, das lasst mal lieber. Bin ja schon zufrieden, wenn ich euch helfen konnte."

„Das haben Sie. Nochmals vielen, vielen Dank." Alexandra zog die Schutzbrille wieder über die Augen und nahm den Lötkolben in die Hand. „Aber jetzt müssen wir weitermachen. Wir geben Ihnen Bescheid, wenn wir fertig sind."

Das war ein eindeutiger Rausschmiss. Dem Hausmeister war anzusehen, dass er gerne noch länger zugeschaut hätte. Aber die Kinder wollten lieber ungestört bleiben. Und auf ihn wartete ja auch noch jede Menge Arbeit. Also zwinkerte er dem Mädchen aufmunternd zu und verabschiedete sich.

Bald hatten die beiden Technikfreaks das Zeitgefühl vollkommen verloren. Keiner von ihnen hätte sagen können, wie lange sie schon an der Arbeit saßen. Doch sie wurden nicht müde. Die Aussicht, heute noch in Kontakt mit Funkern aus aller Welt zu treten, spornte sie an und setzte ihre letzten Energiereserven frei. Dann und wann schaute ein Schüler ins Labor, wurde aber rücksichtslos rausgeschmissen. Niemand sollte von Radio Einstein Wind bekommen, ehe sie wirklich auf Sendung waren.

Schließlich war es dann soweit. Auf der Platte befand sich ein kompliziertes Netzwerk von Drähten, Steckern, kleinen und größeren Stäben, winzigen Leuchten und dünnen Blechplättchen. Das Ganze erinnerte entfernt an das Innenleben eines Computers der ersten Generation – High-Tech des Steinzeitalters. Oder zumindest der Bronzezeit.

Zögernd betätigte Alexandra den Ein/Aus-Schalter. Als ein

diffuses Rauschen erklang, klatschte Tom freudestrahlend in die Hände. Das Mädchen betätigte weitere Schalter und drehte an verschiedenen Knöpfen. Der Empfang wurde besser. Das Rauschen verschwand und vereinzelt hörte man stattdessen Stimmen oder Musikfetzen. Nun war es höchste Zeit für die Gegenprobe.

„Achtung! Achtung!“, rief Alexandra und schaute auf ihre Armbanduhr. „Ein bewegender Augenblick ist gekommen. Um Punkt 21 Uhr 14 mitteleuropäischer Zeit nimmt Radio Einstein den Sendebetrieb auf.“

Schon hielt sie das Mikrofon in der Hand und wollte gerade den Sendeknopf drücken, als sie plötzlich innehielt und unsicher zu ihrem Freund schaute. „Was soll ich denn sagen? Ich kann doch nicht einfach ins Mikro quaken: ‚Kuckuck, hier ist das Internat Schloss Einstein. Könnt ihr mich hören?‘“

„Hast du noch nie was von Funkersprache gehört?“

Das Mädchen schüttelte den Kopf.

„Also, du sagst einfach ‚CQ, CQ an alle‘“, erklärte Tom. „Dazwischen kommt noch unser Nummernzeichen.“

„Häh? Kannst du mir das Chinesisch mal übersetzen?“

„Mann, das weiß doch jedes Baby.“ Jetzt war Tom in seinem Element. Er konnte zeigen, was er alles drauf hatte. „CQ heißt soviel wie Ruf. Als Nummernzeichen nehmen wir die Anfangsbuchstaben unserer Namen, A und T. Außerdem brauchen wir noch ein paar Ziffern. Wann bist du geboren?“

„Am 3. Dezember 1985“, antwortete Alexandra beflissen. Aber ihr war anzumerken, dass ihr die Sache nicht ganz geheuer war.

„Na, dann haben wir's ja. Also, dein Sprüchlein lautet: ‚CQ, CQ von AT 031285 an alle‘. Das sagst du und wartest auf Antwort. Wenn nicht gleich was kommt, wiederholst du die Meldung.“

Alexandra notierte sich die Formel und zog die Stirn kraus. Ihre Nerven waren aufs Äußerste angespannt. Sie atmete zweimal tief durch und schaltete schließlich den Sender ein. Mit leicht zitternder Stimme meldete sie sich zu Wort. Nichts passierte und sie wiederholte ihre Ansage. Wieder blieb alles ruhig. Hilfesuchend schaute Alexandra zu Tom, doch der reagierte nicht, sondern starrte gebannt auf die Anlage.

Eben wollte das Mädchen ihren Text ein drittes Mal ins Mikro sprechen, als es zu rauschen begann. Dann hörten die Nachwuchsfunker über den Lautsprecher eine verzerrte Stimme: „CQ, CQ TZ 179940 an AT 031285 ... ich höre Sie."

Einen Augenblick lang herrschte gespenstische Stille im Labor. Dann brachen Alexandra und Tom gleichzeitig in ein erleichtertes Gelächter aus und klatschten in bester High Five-Manier die Hände gegeneinander. Sie hatten es geschafft.

Im Laufe des Abends empfingen sie Nachrichten von vier weiteren Amateurfunkern, denen sie stolz mitteilten, zum ersten Mal auf Sendung zu sein. Und natürlich vergaßen sie nicht zu betonen, dass sie ihr Gerät ohne Hilfe Erwachsener konstruiert hatten.

Wäre es nach Tom und Alexandra gegangen, hätte das Senden und Empfangen die ganze Nacht angedauert. Aber plötzlich stand Frau Pätzold in der Tür und musterte die Funker mit strengem Blick. „Wisst ihr eigentlich, wie spät es ist?"

Aufgeregt erzählten die Kinder von ihrer Erfindung und den Gesprächen der letzten Stunde.

„Die wollten uns erst nicht glauben, dass wir das alles allein hinbekommen haben", erklärte Alexandra stolz. „Einer kam sogar aus Wien. Stellen Sie sich das mal vor. Das sind über 1000 Kilometer."

Die junge Frau nickte anerkennend. „Ich kann eure Begeisterung ja gut verstehen. Trotzdem ist es höchste Zeit. Die anderen liegen alle schon in den Betten."

„Bitte, Frau Pätzold“, quengelte Tom, „nur noch zehn Minuten.“ Und als er merkte, dass die Erzieherin seine Bitte abschlagen wollte, fügte er listig hinzu: „Wir müssen die Anlage noch ordnungsgemäß runterfahren. Und aufräumen. Es dauert wirklich nur ein paar Minuten.“

Frau Pätzold misstraute dieser allzu rationalen Begründung. Aber der Primus der Sechs schaute ihr so treuherzig in die Augen, dass sie nachgab. „Gut, aber wenn ihr in einer Viertelstunde nicht auf euren Zimmern seid, gibt's Ärger. Das verspreche ich euch.“

Kaum war Frau Pätzold zur Tür hinaus, nahm Alexandra wieder das Mikrofon in die Hand und gab ihren Spruch zum Besten. Eine Antwort blieb jedoch aus. Sie wiederholte die Meldung und wartete. Dann wandte sie sich an Tom: „Vielleicht sollten wir wirklich Schluss machen.“

Tom nickte und seine Mitschülerin wollte gerade das Gerät abschalten, als doch noch eine Antwort über den Äther kam. Genauer gesagt der Hauch einer Antwort. Die Stimme, die sie vernahmen, war extrem verzerrt.

„Wir müssen die Frequenz stabilisieren“, meinte Tom. „Los, antworte! Du musst ihnen sagen, dass wir kaum was verstehen können.“

„CQ, CQ von AT 031285 an Unbekannt“, rief Alexandra ins Mikro, „wir können Sie nur undeutlich hören.“

In den nächsten Minuten wiederholte sich dieses Spiel immer wieder aufs Neue. Tom fummelte aufgeregt an verschiedenen Knöpfen herum, aber es gelang ihm nicht, ihren Funkpartner präzise zu orten. Die Stimme am anderen Ende wurde zwar zunehmend lauter, aber die Laute waren nicht zu identifizieren. Sie wechselten zwischen fremdartigem Gequake, seltsam abgehackten Stakkatorhythmen und einem undefinierbaren Rauschen hin und her.

„Wir versuchen es besser morgen noch mal“, meinte Alexandra schließlich. „Es ist Viertel nach zehn. Wenn du mich fragst, ist dieser Sender ziemlich weit weg. Irgendwo im Ausland. Weiter auf jeden Fall als Wien."

Sie schaltete das Gerät aus und sah zu Tom, der seit einigen Minuten verdächtig ruhig war. Verträumt schaute er in den nächtlichen Sternenhimmel.

„Das klang noch viel weiter weg", sagte er leise.

„Vielleicht Außerirdische", meinte Alexandra lachend.

„Das hab ich eben auch überlegt", erwiderte Tom nachdenklich.

Für einen Moment glaubte Alexandra, er wolle sie auf den Arm nehmen. Dann jedoch kam ihr der Verdacht, dass er diese Möglichkeit tatsächlich ernsthaft in Betracht zog. Und wunderte sich.

Alles wird gut. Oder?

Seit ihrem Besuch in der Klinik war Vera wie gelähmt. Wie sollte ihre Mutter ohne Job je das Schulgeld aufbringen.

Zwei Monate war sie schon im Rückstand. Wenn nicht schnell etwas geschah, würde man ihr auf Schloss Einstein den Stuhl vor die Tür setzen.

Noch schlimmer war allerdings die Unaufrichtigkeit ihrer Mutter. Bislang waren sie wie Freundinnen gewesen und hatten keine Geheimnisse voreinander gehabt. Auf einmal war alles anders. Sibylle Seiffert hatte ihre Tochter wochenlang beschwindelt. Tag für Tag war sie morgens sehr früh zur „Arbeit" gegangen oder erst in der Nacht heimgekommen, je nachdem, für welche Schicht sie angeblich eingeteilt war. Was sie in dieser Zeit wirklich gemacht hatte, wusste der Teufel.

Am härtesten traf die 12-Jährige jedoch das derzeitige Verhalten ihrer Mutter. Am Abend zuvor hatte sie zu später Stunde noch einmal in Veras Zimmer geschaut und sich nach dem Ablauf des Referats erkundigt. Dann hatte sie auch noch geschimpft, weil Vera Wolferts Brief geöffnet hatte. Und statt angesichts des besorgniserregenden Schreibens endlich mit der Wahrheit herauszurücken, hatte sie die Angelegenheit heruntergespielt. Das sei ein vorübergehender Engpass, sie werde das schon regeln. Es gebe keinen Grund zur Besorgnis.

Morgens war das würdelose Schauspiel weitergegangen. Mehrmals hatte das Mädchen vergeblich versucht, ihrer Mutter goldene Brücken zu bauen. Selbst den Hinweis auf einen Artikel über Einsparungen an Krankenhäusern, den sie vorgab in der Zeitung gelesen zu haben, überging Sibylle. „Wo wird heute nicht gespart?“, hatte sie lakonisch festgestellt.

In der Schule war alles wie gehabt. Denn Nadine hatte natürlich kein Sterbenswörtchen über den Ausflug nach Potsdam erzählt. Allerdings fragte sie sogleich, wie Frau Seiffert auf die Entdeckung reagiert hatte. Veras ausweichende und trotzige Antworten gaben ihr deutlich zu erkennen, wie enttäuscht und wütend das Mädchen über die Lügen ihrer Mutter war. Für Nadine gab es nur einen Ausweg aus dieser Zwickmühle: Die beiden mussten offen miteinander reden. Und so nahm sie Vera das Versprechen ab, ihre Mutter heute noch zur Rede zu stellen, so unangenehm ihr das auch sein mochte.

Wie erwartet, war Sibylle Seiffert noch unterwegs, als Vera gegen halb drei nach Hause kam. Das Mädchen schmierte sich ein vom Frühstück übrig gebliebenes Brötchen und setzte sich mit einem Glas Orangensaft an ihren Schreibtisch. Sie versuchte sich auf die Hausaufgaben zu konzentrieren, doch das war nahezu unmöglich. Ständig schweiften ihre Gedanken ab. Zu der Szene mit Dr. Wengler. Zu Wolfert, der sich heute Vormittag besorgt erkundigt hatte, ob Veras Mutter seinen Brief erhalten habe.

Endlich wurde die Wohnungstür geöffnet. Perfektes Timing!, dachte Vera bitter. Es war Viertel nach drei, fast auf die Minute die Zeit, zu der ihre Mutter üblicherweise nach der Frühschicht heimkam.

Sekunden später stand die zierliche Frau im Türrahmen zu Veras Zimmer. Sie hatte ihren grauen Wintermantel noch an und hielt zwei schwere Einkaufstüten in den Händen. Außerdem war sie außer Atem, als hätte sie sich fürchterlich beeilen müssen, ihren Liebling nicht zu lange warten zu lassen.

„Hallo, mein Schatz“, begrüßte sie Vera. „Ist ein bisschen später geworden. Tut mir leid.“ Sie stellte die Plastiktüten auf dem Boden ab. „Aber stell dir mal vor, wen ich eben beim Bäcker getroffen habe. Dreimal darfst du raten! Viola Mangold. Erinnerst du dich? Die kleine Rothaarige, die dich immer wegen deiner Zahnspange gehänselt hat. Ein hübsches Mädchen. Aber … Jetzt halt dich fest …!“

Vera konnte nicht länger an sich halten. „Hör bitte auf, Mama!“, fuhr sie ihr über den Mund.

Frau Seiffert verschlug es die Sprache. „Wie bitte?“

Ärgerlich knallte das Mädchen ihren Füller auf den Tisch und stand auf. „Du sollst endlich mit diesen Märchen aufhören. Soll ich dir mal erzählen, wo ich gestern war? Und wen ich getroffen habe?“

„Hör mal, wie redest du denn mit mir?“, versuchte ihre Mutter sie zurechtzuweisen.

Doch Vera ließ sich nicht einschüchtern. „Ich war im Krankenhaus, weil ich dich überraschen wollte. Mit meiner Eins bei Wolfert. Und da habe ich Dr. Wengler getroffen.“

„Dr. Wengler?“ Sie war auf einmal kreidebleich. „Meinen Chef?“

„Ex-Chef, solltest du wohl besser sagen“, korrigierte Vera sie. „Das war vielleicht peinlich! ‚Nein, deine Mutter arbeitet hier nicht mehr. Hast du das nicht gewusst?‘ Nein, ich hab's nicht gewusst. Obwohl meine Mutter und ich uns doch geschworen haben: Keine Geheimnisse!"

„Ich wollte es dir doch sagen", verteidigte sich Frau Seiffert schwach.

„Hast du aber nicht."

„Ja. Ich hab mich einfach nicht getraut. Wollte dich da raushalten. Verstehst du das nicht?"

„Nein. Ich verstehe das nicht", entgegnete Vera.

„Das kam alles so völlig unerwartet." Frau Seiffert zog ihren Mantel aus und legte ihn auf Veras grellbuntes Sofa unter dem Cobain-Poster. „Sie haben eine ganze Abteilung geschlossen. Über zehn Leute mussten gehen. Außerdem hab ich gedacht, ich würde ganz schnell wieder was finden." Sie rang mit den Tränen. „Ich wollte dich nicht enttäuschen. Du warst doch immer so stolz auf mich."

Veras Mutter stand wie ein Häufchen Elend im Zimmer und bat das Mädchen stumm um Verzeihung. Da konnte Vera ihr nicht länger böse sein. Sie tat ein paar Schritte auf sie zu und nahm sie in den Arm.

„Aber Mama", sagte sie mit sanfter Stimme, „hast du wirklich geglaubt, ich wäre nicht mehr stolz auf dich, nur weil du arbeitslos bist? Das ist doch nicht dein Ernst."

Die mädchenhafte, zierliche Frau blickte ihre Tochter, die sie jetzt schon überragte, traurig an. Als Vera ihr nun einen Kuss auf die Wange hauchte, fiel die zentnerschwere Last, die sie seit Wochen mit sich herumgeschleppt hatte, endlich von ihr ab. Wie oft hatte sie Anlauf genommen, ein Geständnis abzulegen? Und wie oft hatte sie in letzter Sekunde davor zurückgeschreckt. Jetzt war es raus, sie konnte dem Kind wieder in die Augen schauen.

Dann sprudelte es aus ihr heraus. Glücklich darüber, nicht länger lügen zu müssen, erzählte sie alles, was in den letzten Wochen vorgefallen war. Von der schrecklichen Nachricht, dass auch sie gekündigt war, über die trotzige Überzeugung, schnell einen neuen Job zu finden, bis hin zu den ersten Absagen. Doch allmählich kehrte die Zuversicht zurück.

„Weißt du, ich hab immer gedacht, wenn man seine Arbeit gut macht, kann einem so was nicht passieren. Aber was soll's, jetzt, wo du alles weißt, fühle ich mich richtig befreit. Jetzt kann ich mich wieder voll auf die Jobsuche konzentrieren. Du wirst sehen: Alles wird gut."

Inzwischen saßen die beiden nebeneinander auf der Couch. Vera kuschelte sich zärtlich an ihre Mutter und schloss die Augen. Völlig überzeugt, dass sich alles einrenken würde, war sie beileibe nicht. Aber sie war unendlich froh darüber, dass die Geheimniskrämerei ein Ende hatte.

„Hoffentlich!", sagte sie. „Aber du musst mir versprechen, mich nie wieder so zu belügen."

Frau Seiffert nickte schuldbewusst.

„Ich verspreche dir dafür, dass ich nie wieder heimlich deine Post öffnen werde." Vera schluckte. Eine Sache brannte ihr noch auf der Seele. „Aber sag, Wölfchens Brief … Hast du inzwischen das Schulgeld aufgetrieben?"

Ihre Mutter zögerte die Antwort einen Moment hinaus. Fast hätte sie erneut die Unwahrheit gesagt, doch dann erinnerte sie sich an die eben getroffene Vereinbarung.

„Nein", gab sie zu, „noch nicht. Aber das kriege ich geregelt. Glaub mir. Auch wenn ich keinen Job habe, heißt das doch noch lange nicht, dass alles den Bach runtergeht. So leicht lassen wir uns nicht unterkriegen."

Ein glatter Rausschmiss

Freunde würden Sven Weber und sein neuer Schüler Pascal Merten wohl kaum werden. Auf Schloss Einstein hatte sich schnell herumgesprochen, dass es zwischen den beiden bei jeder nur erdenklichen Gelegenheit knallte. Und da der Sport- und Musiklehrer — neben der Erzieherin Sabine Pätzold das jüngste Mitglied des kleinen Kollegiums – bei den Kindern überaus beliebt war, neigten die meisten dazu, Pascal hierfür verantwortlich zu machen.

Tatsächlich war der Junge nicht gerade leicht zu nehmen. Er war äußerst selbstbewusst, ließ sich von niemandem unterbuttern und beanspruchte in nahezu allen Dingen einen Anführerstatus. Wenn ihm etwas nicht passte, spielte er die beleidigte Leberwurst. Und es brauchte meist nicht viel, um seinen Unmut hervorzurufen. Dass vor allem die Lehrer Schwierigkeiten hatten, sich mit diesen Verhaltensweisen zu arrangieren, war kein Wunder. Das galt selbst für den sanften, verständnisvollen Direktor, Pascals Vater. Insgeheim machte Dr. Stollberg seiner Ex-Frau den Vorwurf, den Jungen verzogen zu haben. Wahrscheinlich hatte sie aus Karrieregründen nie genug Zeit für ihn gehabt. Und um ihr schlechtes Gewissen zu beruhigen, hatte sie ihn mit Geschenken überhäuft und all seinen Launen nachgegeben. Verrückterweise hatte nur ein Lehrer überhaupt keine Probleme mit Pascal: der strenge, von allen anderen gefürchtete Stellvertreter des Schulleiters. Dr. Lutz Wolfert hatte im Gegenteil geradezu einen Narren an dem Jungen gefressen, der sich so hervorragend im Zeitalter der Entdeckungen auskannte. Nicht nur über Kolumbus war Pascal bestens informiert, sondern er wusste überdies, wer Amerigo Vespucci war und weshalb man einen ganzen Erdteil nach ihm benannt hatte.

Normalerweise hätten Wolferts Sympathie und die Konflikte mit Herrn Weber dem Ansehen des Neuen bei seinen Mitschülern geschadet. Aber da Pascal hervorragend Gitarre spielte, vor niemandem kuschte, auch nicht vor seinem Vater, war er schnell zu einer festen Größe im Schulalltag geworden. Zudem hatte er sich mit Budhi und Marc angefreundet, die als die besten Sportler des Internats von ihren Kameraden, vor allem den jüngeren, geradezu bewundert wurden.

Im Übrigen war Herr Weber nicht völlig unschuldig an den häufigen Auseinandersetzungen mit Dr. Stollbergs Sohn. Die einzige, die das auszusprechen wagte, war allerdings die Freundin des Lehrers, Sabine Pätzold. Sie spürte, dass ihr Sven auf den begabten Musiker Pascal eifersüchtig war und stellte ihn deshalb zur Rede.

Daraufhin bemühte sich der Lehrer ernsthaft, die Spannungen zwischen ihm und dem Jungen abzubauen. Erst heute, in der Musikstunde, hatte er Guppys Sohn ein Friedensangebot unterbreitet und ausdrücklich dessen Komposition für die „Schloss-Einstein-Hymne" gelobt, die er am Abend zuvor zufällig mitangehört hatte. Danach hatte er die Kinder um eine Kostprobe ihres Werks gebeten. Erwartungsgemäß hatte Pascal darauf hingewiesen, dass sich alle hierfür erforderlichen Instrumente im Keller des Schlosses befanden, in der „lehrerfreien Zone".

„Ja!", hatte Budhi hinzugefügt. „Außerdem fehlen uns Ole und Katharina, die genauso wie Pascal und ich an der Hymne gearbeitet haben."

„Das ist mir völlig klar", hatte Sven Weber eingeräumt. „Deshalb schlage ich vor, dass wir uns euer Werk heute Nachmittag gemeinsam im Probenraum anhören. Mit den Schülern der Sechs. Na, was haltet ihr davon?"

Die Mehrheit war einverstanden gewesen. Nur Pascal hatte widersprochen und seine Klassenkameraden daran erinnert, dass Erwachsene im Reich von „Alberts Enkeln" absolut nichts zu suchen hätten.

Danach war eine heftige Diskussion entbrannt.

„In diesem Fall können wir doch mal 'ne Ausnahme machen", hatte Marc eingeworfen. „Herr Weber will doch nur hören, was ihr da auf die Beine gestellt habt."

„Marc hat Recht“, hatte Alexandra ihm beigepflichtet. „Er ist schließlich kein Spion.“

Dann war es zur Abstimmung gekommen. Und Pascal hatte verloren.

Ein paar Stunden später saß der junge Lehrer zwischen den Schülern in dem heimeligen Kellerraum und wohnte staunend dem Vortrag der frisch gegründeten Schulband bei. Pascal gab den Ton an und legte einen phantastischen Groove hin. Budhis Geigenspiel konnte sich durchaus hören lassen. Und Oles Drums waren für einen knapp Zwölfjährigen auch nicht übel.

„Die sind ja wirklich super“, meinte der blonde Oliver zu Marc. „Wann geht's denn auf Tournee? Ich würde glatt den Manager für ‚Alberts Enkel‘ machen.“

„Vergiss es, Alter“, erwiderte der Lockenkopf. „Der Job ist längst vergeben. Das mach ich.“

In diesem Augenblick klang die Musik aus. Pascal legte „Hendrix“ auf den Boden und winkte Budhi zu, ebenfalls aufzuhören. Die Kids im Publikum klatschten enthusiastisch Beifall und auch Sven Weber wurde von der überschäumenden Begeisterung angesteckt. Auf einmal war ihm, als hätte jemand die Uhr zwanzig Jahre zurückgestellt. Er fühlte sich selber wieder wie ein Teenager. Und das wollte er den Kindern beweisen.

„Hey, das war ja wirklich hervorragend“, rief er begeistert.

„Ich bin total von den Socken.“ Er blickte mit strahlenden Augen in die Runde. Dann sprang er auf und schnappte sich eine Gitarre. „Wie wärs mit 'ner kleinen Session?“

„Oh ja“, rief Katharina. „Super Idee.“

Pascal warf ihr einen bösen Blick zu, doch bevor er es verhindern konnte, hatte der Lehrer schon einen fetzigen Beatrhythmus angestimmt. Als die Zuhörer mit den Füßen aufstampften und sich im Takt hin und her wiegten, nahm Pascal sein Instrument wieder in die Hand und antwortete mit spielerischer Leichtigkeit auf die Improvisation des Erwachsenen. Eine halbe Minute lang harmonierten Pascal und sein Intimfeind wie selten zuvor. Doch dann brach der Junge mitten im Takt ab und stierte den Lehrer feindselig an.

„So, jetzt haben Sie unsere Hymne gehört", erklärte er bestimmt. „Und Ihre kleine Session haben Sie auch gehabt. Ich denke, das reicht. Von nun an gilt auch für Sie: Erwachsene haben hier nichts zu suchen. Und tschüss!"

Einen Augenblick lang stand der im rüden Ton Vertriebene wie vor den Kopf geschlagen da. Damit hatte er nicht gerechnet. Auch Pascals Freunde waren geschockt. Das war nichts anderes als ein glatter Rausschmiss. Hatte Herr Weber das verdient? Doch niemand wagte zu widersprechen.

Mit betretener Miene legte der Lehrer das Instrument auf den Boden. Dann schaute er bedröppelt in die Runde der Schüler, die genauso fassungslos waren wie er. Doch Pascal gab sich kompromisslos. Er verharrte reglos auf seinem Platz und starrte feindselig vor sich hin. Erst als Sven Weber wie ein geprügelter Hund zur Tür hinaus geschlichen war, entkrampften sich seine Gesichtszüge wieder. „Noch mal von vorn?", fragte er.

„War das wirklich nötig?" Marc war noch immer völlig konsterniert. „Musstest du ihn so abkanzeln?"

„Ja", bestätigte Katharina, sonst eher selten einer Meinung mit ihrem größeren Bruder. „Ich finde auch, dass das 'ne ziemlich harte Nummer war."

„Hey, ist das hier eine lehrerfreie Zone oder nicht?", erwiderte Pascal genervt.

„Schon", druckste Budhi, dessen Augen unsicher zwischen seiner verärgerten Freundin und dem unnachgiebigen Bandleader hin und her schweiften. „Aber es war doch nur Weber. Meinst du wirklich, dass du dich richtig verhalten hast?"

„Wo ziehst du denn die Grenze?" Pascal schnaubte verächtlich. „Für Weber machen wir eine Ausnahme. Und morgen steht dann Wolfert auf der Matte. Und dann geht die Diskussion wieder von vorne los, oder wie?"

„Hey, nun übertreib mal nicht so", erwiderte Budhi matt. Zwar musste er zugeben, dass sein Kumpel nicht völlig falsch lag. Sie hatten einen Beschluss gefasst und sollten ihn auch konsequent einhalten. Dennoch, Pascals Verhalten war brutal gewesen. Und mit dieser Meinung stand Budhi nicht allein da.

Das Ende einer Karriere

Obwohl Vera froh war, dass sie sich mit ihrer Mutter ausgesprochen hatte, machte sie sich große Sorgen. Das Arbeitslosengeld reichte vorne und hinten nicht, doch Sibylle Seiffert war viel zu stolz, um beim Sozialamt Unterstützung zu beantragen.

Gestern Abend hatte das Mädchen zufällig eine peinliche Szene mitbekommen. Ohne Vorankündigung stand ein Handwerker vor der Tür und wollte die Rechnung für eine Waschmaschinenreparatur eintreiben. Veras Mutter versuchte den Mann zu vertrösten. Doch der blieb unerbittlich und drohte, die erneuerten Teile von einem seiner Angestellten wieder ausbauen zu lassen. Und wer wusste schon, wie viele unbezahlte Rechnungen noch so überall herumlagen?

Fieberhaft überlegte Vera, wie sie ihrer Mutter helfen konnte. Auf schicke Klamotten konnte sie gut und gern verzichten, das war nicht weiter tragisch. Aber Bescheidenheit allein genügte jetzt nicht mehr. Sie musste helfen, die Haushaltskasse aufzubessern. Aber wie? Babysitten wäre eine Möglichkeit gewesen, doch die Leute in ihrem Viertel hatten selber kaum Geld und konnten sich Kino- und Kneipenbesuche gar nicht erst erlauben.

Völlig unerwartet zeichnete sich dann ein Hoffnungsschimmer am Horizont ab. Wie jeden Morgen kam Vera auch heute gegen halb acht mit dem Bus in Seelitz an und ging durchs Dorf zum Schloss. Dabei kam sie an Giovannis Eiscafé vorbei. Sie hatte den beliebten Treffpunkt der Dorfkids und Internatsschüler schon fast hinter sich gelassen, als sie stutzte. Tatsächlich, an der Tür hing ein Zettel: „Aushilfe gesucht!"

Einen Augenblick blieb das Mädchen unschlüssig stehen. Dann nahm sie all ihren Mut zusammen und ging hinein. Zunächst ließ der neue Besitzer, der knapp dreißigjährige, kräftig gebaute Giovanni sie abblitzen. Er suche eine vollwertige Arbeitskraft, keine Schülerin, die ihr Taschengeld aufbessern wolle.

Aber Veras Hartnäckigkeit zahlte sich schließlich aus. Sie quengelte so lange, bis der Italiener nachgab. Allerdings verlangte er eine Einverständniserklärung ihrer Eltern und Vera versprach, sie ihm am nächsten Tag mitzubringen. Dass sie diesen Wisch selber ausfüllen musste, war ihr klar. Ihre Mutter hätte ihr nie erlaubt, nach der Schule zu jobben. Zudem war sie noch lange nicht vierzehn, wie sie Giovanni vorgelogen hatte. Da sie aber für ihr Alter recht groß und ziemlich weit entwickelt war, hatte der Wirt keinen Verdacht geschöpft.

Punkt 14 Uhr sollte sie heute ihren Dienst antreten. Um ein Haar wäre sie gleich am ersten Tag zu spät gekommen. In der letzten Stunde hatte die Sechs Geschichte und Dr. Wolfert referierte über die Kinderkreuzzüge im 12. Jahrhundert. Die Stunde war schon fast vorüber, und Vera saß wie auf heißen Kohlen. Einige von ihren Mitschülern waren von dem Thema so gefesselt, dass sie den Lehrer bedrängten, weiterzuerzählen. Geschmeichelt schlug Dr. Wolfert vor, ein paar Minuten anzuhängen und dafür bei nächster Gelegenheit die Pause zu verlängern.

Dann schellte es. Hektisch packte Vera ihre Sachen zusammen und blickte nervös zur Tür und von dort zu dem Lehrer, der mit glänzenden Augen weiterdozierte. Das konnte noch ewig dauern.

Zwei Minuten lang rutschte das Mädchen unruhig auf dem Stuhl hin und her. Dann sprang sie auf, schnappte ihre Tasche und lief zur Tür.

„Entschuldigung, Herr Dr. Wolfert", sagte sie. „Aber ich muss los. Ein wichtiger Termin."

Ehe der überraschte Lehrer etwas entgegnen konnte, war Vera auch schon verschwunden.

Wenig später traf sie atemlos in Giovannis Eiscafé ein. Sie war den ganzen Weg gerannt wie eine Wilde und trotz des kühlen Wetters heftig ins Schwitzen geraten. Nach einer kurzen Verschnaufpause band sie sich eine weiße Schürze um und schaute ihren Chef erwartungsvoll an. Es konnte losgehen, Vera war voller Tatendrang.

Nach und nach trafen die ersten Gäste ein. Der junge Wirt, der unter seiner Schürze wie fast immer ein schwarzes Hemd und eine Cordhose mit breiten Hosenträgern trug, stand hinter der Theke und zauberte einen verführerischen Eisbecher nach dem anderen. So ganz nebenbei bediente er auch noch die Espressomaschine und spülte Gläser. Verstohlen beobachtete er dabei seine neue Aushilfe und kam immer mehr ins Staunen. Das Mädchen war flink, freundlich zu den Gästen und ein Ass im Kopfrechnen. In Sekundenschnelle addierte sie die einzelnen Posten und kassierte lächelnd die Rechnungen.

„Vera mia", sagte Giovanni mit gespieltem Ernst, als sie an die Theke kam, um ein Tablett mit drei Cappuccino abzuholen. „Du hast den alten Giovanni ganz schön angeschwindelt."

„Wieso?" Vera erschrak. Hatte er etwa herausbekommen, wie alt sie wirklich war?

Doch jetzt schmunzelte der Wirt listig. „Du hast mir gesagt, du bist eine gute Assistente für mich. Aber das stimmt nicht. Du bist nicht gut ..." Er legte eine Pause ein und beobachtete belustigt, wie Vera kreidebleich wurde. Dann fuhr er fort: „Du bist veramente fantastica!"

Endlich begriff das Mädchen, dass Giovanni sie hatte necken wollen. Sie atmete erleichtert auf und erwiderte schlagfertig: „Na, das kostet Sie dann aber 1,50 Mark mehr die Stunde." Und schon war sie mit dem Tablett auf und davon und servierte weiter.

Nach knapp zwei Stunden erledigte die Zwölfjährige ihren Job bereits so routiniert, als hätte sie nie im Leben etwas anderes getan. Doch ihr Glück sollte nicht lange währen. Vera spülte gerade einige Tassen, als sich die Tür öffnete und ein neuer Gast hereinkam. Ein schlanker Mann in den Vierzigern mit angegrauten Haaren und in einem karierten Jackett nahm eine Zeitung und setzte sich mit dem Rücken zur Theke an einen der freien Tische. Vera schluckte. Schlimmer konnte es nicht kommen. Doch was sollte sie tun?

Mit weichen Knien ging sie zu dem Gast und sagte stockend: „Guten Tag, Herr Dr. Wolfert. Was darf ich Ihnen bringen?"

Der Lehrer ließ seine Zeitung sinken und starrte die Bedienung entgeistert an.

„Einen Schokoeisbecher wie gewöhnlich?", hakte das Mädchen nach und gab sich die größte Mühe, ungezwungen zu erscheinen. Dass Wölfchen regelmäßig in der Eisdiele war und immer Schokoladeneis verzehrte, wusste jeder auf Schloss Einstein. Doch Vera hatte die Gefahr, ihm hier zu begegnen, einfach ignoriert.

Die Katastrophe war nicht mehr aufzuhalten. Dr. Wolferts Miene verdüsterte sich. „Wie bitte? Sehe ich richtig? Du läufst aus meinem Unterricht weg, um hier zu arbeiten? Dir ist es wichtiger, dein Taschengeld aufzubessern, als dich mit Geschichte zu befassen?"

Inzwischen hatte auch der Besitzer des Cafés mitbekommen, dass sich zwischen dem Gast und seiner Aushilfe ein Disput entfacht hatte. Zögernd näherte er sich und begrüßte den Lehrer. „Ah, Dottore …"

Wolfert funkelte ihn giftig an. „Guter Mann, ist Ihnen eigentlich klar, dass Sie Ihre Konzession aufs Spiel setzen? Kinderarbeit ist in Deutschland strafbar."

„Kinderarbeit?" Giovanni schüttelte den Kopf. „Aber das ist doch übertrieben. Veras Eltern sind einverstanden. Ist doch nur ein piccolo Nebenjob."

„Werter Mann, dieses Mädchen ist zwölf Jahre alt. Selbst wenn ihre Mutter einverstanden wäre, dürften Sie sie nicht beschäftigen."

„Zwölf?" Giovanni musterte Vera misstrauisch und sie senkte verlegen den Kopf. Offenbar hatte der Gast die Wahrheit gesagt. „Das wusste ich nicht."

„Auch wenn sie vierzehn wäre, könnte ich so etwas nicht dulden", fügte Wolfert streng hinzu. „Meine Schüler benötigen ihre ganze Energie zur Nachbereitung des Unterrichts. Und Schnupperkurse in Gastronomie stehen unseres Wissens nicht auf dem Lehrplan."

Vera wusste, dass ihre Karriere als Serviererin mit diesem Auftritt beendet war. Enttäuscht band sie ihre Schürze ab und hängte sie hinter der Theke an einen Haken. „Das macht dann 28 Mark", sagte sie zu dem Wirt. „Halt, 29,50 Mark natürlich."

Giovanni zückte sein Portemonnaie und drückte ihr drei Zehnmarkscheine in die Hand. „Schade", sagte er traurig. „Du warst wirklich fantastica."

Ohne sich von Dr. Wolfert zu verabschieden verließ Vera die Eisdiele. Zusammen mit dem Trinkgeld hatte sie in der kurzen Zeit 35 Mark verdient. Aber das war nur ein Tropfen auf den heißen Stein. Und außerdem würde die Geschichte garantiert noch ein Nachspiel haben.

Wolfert blickte der Schülerin kopfschüttelnd hinterher. Dann nahm er seine Zeitung wieder in die Hand und sagte an Giovanni gerichtet: „Was ist nun mit meinem Eisbecher?"

Die Kontaktaufnahme

Schon am frühen Morgen, lange vor Unterrichtsbeginn, hatten sich Tom und Alexandra wieder im Labor getroffen und ihr Funkgerät in Betrieb genommen. Tatsächlich hatte sich kurz vor sieben der geheimnisvolle Sender erneut gemeldet. Doch verstehen konnten die Hobbyfunker seine Botschaften auch diesmal nicht.

Nach der letzten Unterrichtsstunde dauerte es keine fünf Minuten, bis die beiden abermals vor der Anlage hockten. Alexandra begann allerdings langsam am Verstand ihres Freundes zu zweifeln. Tom hatte eine Unmenge von Literatur über Ufos und angebliche Kontakte von Erdbewohnern mit Außerirdischen herangeschleppt. Dass der Primus der Sechs sich mit Vorliebe in Bücher vergrub und zu fast jedem Thema aus dem Stegreif einen Vortrag halten konnte, war bekannt und wurde von seinen Mitschülern milde belächelt. Er war halt ein wandelndes Lexikon. Aber dass er jetzt mit demselben Enthusiasmus alles zum Besten gab, was er sich zum Thema Ufologie angelesen hatte, nervte doch gewaltig. Am Verrücktesten war freilich, dass Tom sich nicht davon abbringen ließ, die aufgeschnappten Signale intelligenten Lebewesen aus dem All zuzuschreiben.

Mittlerweile war er dazu übergegangen, mittels Morsezeichen mit seinen Aliens zu kommunizieren. Während er wie wild mit dem Zeigefinger auf einen beweglichen Pin drückte, versuchte er Alexandra von seiner Theorie zu überzeugen.

„Hast du nie was von Roswell gehört?", fragte er. „Area

51? Oder von dem Phänomen der spiralförmig, flach gelagerten Muster in Kornfeldern?“

„Hör doch endlich auf mit diesem Humbug“, entgegnete Alexandra gereizt. „Wenn ich mich recht erinnere, hat der Farmer zugegeben, dass er diese Kreise selbst in sein Kornfeld gemäht hat.“

„Mag sein. Dennoch lassen sich nicht alle unerklärlichen Phänomene so leicht abtun. Selbst ein skeptischer Geist wie du muss zugeben, dass die Möglichkeit intelligenten Lebens außerhalb der Erde nicht geleugnet werden kann.“

„Das würde ich auch nicht bestreiten“, räumte das Mädchen ein. „Aber deinen Akte-X-Quark kannst du trotzdem für dich behalten.“

Später am Nachmittag schaute Herr Pasulke ins Labor. „Na, ich wollte doch mal schauen, was meine Juniorfunker so machen“, sagte er gut gelaunt. Dann warf er einen Blick auf den Bücherstapel, den Tom neben sich aufgebaut hatte. „Oh, seid ihr unter die Ufologen gegangen?“

„Wir haben gestern seltsame Stimmen gehört“, klärte Alexandra ihn auf. „Seitdem steht Tom völlig neben der Kappe und meint, wir hätten Kontakt mit fliegenden Untertassen.“

„Ich ziehe diese Möglichkeit lediglich in Betracht“, korrigierte Tom ihre ironische Bemerkung.

„Gut, dann zieht er das halt in Betracht. Unsinn ist es trotzdem.“

„Na, ihr solltet mal mit Dr. Stollberg reden“, schlug Herr Pasulke schmunzelnd vor. „Vielleicht lässt sich ja so was wie ein Schüleraustausch arrangieren.“

„Wir hatten da eher an einen Austausch für Hausmeister gedacht“, gab Alexandra schlagfertig zurück. Das fehlte noch, dass Herr Pasulke sie in seinen Spott über Toms Spinnereien einbezog.

„Auch 'ne hübsche Idee“, meinte der Hausmeister. „Aber mal im Ernst, an der Sache könnte ja wirklich was dran sein.

Ich hab neulich einen Bericht im Fernsehen gesehen. Bei der NASA soll's tatsächlich Abhörstationen geben, von wo aus Spezialisten versuchen, Kontakt mit anderen Galaxien aufzunehmen."

Alexandra schluckte. Jetzt glaubte anscheinend auch noch der Erwachsene, dass Außerirdische die Schule besuchen wollten.

Tom wollte dieses Stichwort begierig aufgreifen und einen weiteren Vortrag halten. Doch Herr Pasulke schaute auf die Uhr und verabschiedete sich. „Tut mir leid, ich muss wieder los. Hab noch zu tun. Vielleicht schaue ich später noch mal vorbei."

Eine halbe Stunde verstrich, ohne dass etwas Nennenswertes geschah. Immer wieder morste Tom Rufe in den Äther, erhielt aber keine Antwort. Mit einem Mal geriet er in helle Aufregung. „Hörst du das, Alexandra?"

„Klar. Tack tack tack ..." Sie nahm ihre Nickelbrille ab und putzte die Gläser. „Und was soll das sein?"

„Das sind Morsezeichen."

„Und was morsen deine galaktischen Freunde?"

„Moment." Tom nahm einen Zettel und begann, die Nachricht zu dechiffrieren. Dann ließ er sich in seinem Stuhl zurückfallen und blickte seine Freundin aus großen, blauen Augen an. „Jetzt halt dich fest!"

„Wie?" Alexandra grinste frech. „Das war die Nachricht?"

Der Junge funkelte sie wütend an. Dann sagte er: „‚Wir gleich landen werden. Punkt. Park Einstein. Punkt.' Na, was sagst du jetzt?"

„Na, echt ein Hammer", kommentierte Alexandra schnippisch. „Genau so hab ich mir intelligente Wesen aus dem letzten Winkel des Universums immer vorgestellt."

„Was soll denn das heißen?" Tom fiel die Kinnlade herunter. „Du und deine alberne Skepsis."

„Also, mal abgesehen von der eigenwilligen Grammatik:

Findest du es nicht äußerst merkwürdig, dass Besucher aus dem All ausgerechnet in unserem Park landen wollen? Ich vermute, da will uns jemand gehörig verarschen."

Tom ging auf diesen Einwand gar nicht erst ein, sondern stürmte sofort in den Park hinaus, um die Gäste zu empfangen. Alexandra war hundertprozentig davon überzeugt, dass sie sich nur einem hämischen Gelächter aussetzen würden. Andererseits konnte sie ihre Neugier nicht bezwingen. Und so begleitete sie ihren Funkpartner auf dem Weg zum See.

Es war inzwischen stockdunkel geworden. Durch die Bäume pfiff ein eisiger Wind. Alexandra fror wie ein Schlosshund. Zu allem Überfluss begann es auch noch zu regnen. Innerhalb kürzester Zeit waren die Kinder klatschnass. Dennoch bestand Tom darauf, die Sache durchzuziehen. Notfalls bis zum bitteren Ende.

Eine halbe Stunde geisterten die beiden Jungforscher durch den Park und horchten neugierig auf jedes verdächtige Geräusch. Aber sie trafen auf keine Menschenseele. Von Außerirdischen einmal ganz zu schweigen.

Schließlich wurde es Alexandra zu bunt. Gegen Toms erbitterten Widerstand machte sie kehrt und lief zum Schloss zurück. Der Junge folgte ihr widerstrebend.

Völlig durchnässt gelangten sie ins Foyer. Alexandra ließ sich bibbernd in einen Stuhl fallen und strich ihre nassen Haare aus der Stirn. „Das verzeihe ich dir nie, Tom Kühne!", stieß sie wütend aus.

„Es hätte doch sein können", verteidigte sich Tom und trocknete seine Brillengläser. „Außerdem haben wir nicht lange genug gewartet. Wer weiß …"

„Halt endlich den Mund, du … Sechstklässler!", fauchte Alexandra. „Nur weil du Irrer komische Signale aus dem Äther empfängst, hole ich mir da draußen den Tod. Manno, ich komm mir schon vor wie 'ne wandelnde Tropfsteinhöhle."

Tom brauchte einige Sekunden, bis er den „Sechstklässler" verdaut hatte. Dann setzte er sich zur Wehr: „Pioniere müssen halt Opfer bringen ..."

„Ach Quatsch. Begreifst du denn immer noch nicht? Da hat bestimmt irgendwer im Gebüsch gehockt und sich 'nen Buckel gelacht über uns."

Tom wollte widersprechen, wurde jedoch von dem Hausmeister gestört, der eben zur Tür hereinkam. Er war in einen dicken, warmen Anorak gehüllt, hatte eine Pudelmütze auf dem Kopf und einen Schirm in der Hand.

„Ihr seht vielleicht drollig aus", begrüßte er die Kinder sichtlich belustigt.

„Finden Sie?", erwiderte Alexandra säuerlich. „Wir haben nur kalt geduscht."

„Auch nicht schlecht." Der Hausmeister lachte. „Aber ich verlass mich doch lieber da drauf." Er klopfte auf seinen Schirm. „Das Ding heißt Regenschirm und hat sich schon oft bewährt. Man weiß ja nie, was so alles kommt. Vor allem von oben ..."

Dann verschwand er grinsend in den Gang, auf dem auch das Büro des Direktors lag. Alexandra schaute ihm mit grimmiger Miene hinterher. Sie fühlte einen fürchterlichen Verdacht in sich aufsteigen.

Nachtmusik

Kurz nach halb zehn herrschte im Mädchenwohntrakt von Schloss Einstein noch hektische Betriebsamkeit. In Zimmer 109 stand Katharina vor ihrem geöffneten Kleiderschrank und kramte immer neue Klamotten heraus. Fast hätte man den Eindruck gewinnen können, das Mädchen wolle verreisen und sei dabei, ihre Koffer zu packen.

„Na, wie findet ihr das?", wandte sie sich zunächst an Iris, die auf ihrem Bett unterhalb der kleinen Empore von Katharinas Schlafecke hockte, und dann an Antje, die neben der Tür stand. Katharina hielt sich eine violette Seidenbluse vor den Oberkörper.

„Ganz gut!“, sagte Iris wenig euphorisch. Ihr brannte ein viel wichtigeres Thema auf der Seele: Der Vorfall heute Nachmittag im Probenraum war für sie noch lange nicht abgehakt. „Ich finde, Pascal war ziemlich unfair zu Weber.“

„Ganz gut?“, zischte Katharina beleidigt, ohne auf Iris' Bemerkung zu dem unseligen Vorfall einzugehen. „Ist das alles, was dir dazu einfällt? Was sagst du, Antje?“

„Quatsch. Du siehst toll aus“, gab die dunkelhaarige Antje die Antwort, die Katharina hören wollte. „Einfach klasse.“

Allerdings bedeutete das noch lange nicht, dass die Frage des angemessenen Outfits für das bevorstehende Ereignis damit entschieden war. Katharina beugte sich nämlich zu einem anderen Teil hinab, das sie eben erst als ungeeignet aussortiert hatte. „Oder soll ich vielleicht doch lieber den Rock anziehen?“

„Eure Probleme möchte ich haben!“, maulte Iris. Sie wusste aus leidvoller Erfahrung, dass dieses Spielchen noch Stunden dauern konnte. Der Schrank ihrer Freundin war das reinste Modeatelier, er ließ keinen Wunsch unerfüllt.

„Ich würde dir ja gerne was leihen“, entgegnete Katharina bissig. „Aber ich fürchte, zum Weiten reicht heute Abend die Zeit nicht mehr.“

Die pummelige Iris verstand die Anspielung auf ihre Figurprobleme nur zu gut und zog eine Schnute. Es war ein Kreuz, ständig hackte Katharina auf ihr herum. Freilich änderte das nichts an der Tatsache, dass die kleine Naschkatze selbst mit sich unzufrieden war. Wie oft hatte sie schon Anlauf genommen, sich mit Hilfe einer Diät und viel Sport wenigstens ein paar überflüssige Pfunde abzutrainieren? Doch bislang war sie regelmäßig gescheitert.

„Also, wenn du den Rock nicht nimmst, kannst du ihn ja mir leihen", fragte Antje vorsichtig. Mit dem Gewicht hatte sie keine Probleme. Dafür war sie ausgesprochen schüchtern und fühlte sich oft wie ein hässliches Entlein. Vor allem in Gegenwart von Katharina, die nicht nur super aussah, sondern sich zudem alles leisten konnte, was sie wollte.

Katharina nickte und reichte ihrer Freundin den bunt gemusterten Minirock. Dankbar nahm Antje das teure Stück entgegen und wandte sich zur Tür. „Ich zieh mich schnell um!"

Im Türrahmen wäre das Mädchen um ein Haar mit Frau Pätzold zusammengestoßen, die ihre abendliche Kontrollrunde absolvierte. „Hey, was ist denn hier los? Sind eure Uhren stehen geblieben?" Irritiert betrachtete sie das Tohuwabohu auf Katharinas Bett. „Gleich ist Nachtruhe. Und bei dir sieht es aus, als würdest du dich auf eine Modenschau vorbereiten."

„Sorry." Das blonde Mädchen lief unmerklich rot an. Sie suchte verzweifelt nach einer überzeugenden Erklärung. „Ich bin dabei, ein bisschen auszumisten. Es dauert nicht mehr lange. Ehrlich."

„Schluss jetzt! Und zwar auf der Stelle", befahl die Erzieherin ungewohnt energisch. „Aufräumen kannst du auch morgen. Ihr seid ja noch nicht mal ausgezogen und bestimmt habt ihr euch auch noch nicht gewaschen."

„Bin schon auf dem Weg", sagte Antje und lief auf den Gang hinaus. Dort begegnete sie Nadine, die ihr schnaufend entgegenkam. Im Vorübergehen legte Antje den Finger auf den Mund und deutete an, dass Gefahr im Verzug war. Allerdings kapierte Nadine nicht, was ihre Klassenkameradin meinte.

Dann stand sie unvermittelt der jungen Erzieherin gegenüber, die sie misstrauisch anschaute. „Wo kommst du denn so spät noch her?"

„Ich war im …" Das Wort „Waschraum" konnte sich Nadine gerade noch verkneifen. Frau Pätzold hätte ihr wohl kaum abgenommen, dass sie sich im Wintermantel die Zähne putzte. Also rückte sie besser mit der Wahrheit heraus. „Ich war bei Vera in Potsdam. Der Bus hatte Verspätung."

„Na, immerhin bist du heute wenigstens zur Tür reingekommen", erwiderte Frau Pätzold bissig. Sie hatte noch nicht vergessen, dass Nadine zu Beginn des Schuljahres nachts durch ein Kellerfenster ins Internat eingedrungen war. Auch damals war sie bei ihrer Freundin in der Landeshauptstadt gewesen. „Beim nächsten Mal nimmst du vielleicht einfach einen Bus früher?", schlug sie spöttisch vor. Sie wandte sich den anderen zu und erklärte: „In zehn Minuten liegt ihr im Bett! Und das Licht ist dann aus. Klar?"

Die Mädchen nickten schuldbewusst und Frau Pätzold zog endlich ab. Einige Sekunden lang herrschte gespannte Stille. Nadine blickte ihre Zimmergenossinnen fragend an.

„Meinst du, sie hat was gemerkt?", fragte Iris schließlich.

„Glaube nicht", antwortete Katharina. Sie wandte sich an Nadine, die noch immer nicht begriff, was los war. „Hast du schon gehört? Im Probenraum findet nachher eine Session mit ‚Alberts Enkeln' statt."

„Nö. Ich war doch den ganzen Nachmittag unterwegs. Aber das ist ja irre. Ich zieh mich gleich um."

„Lass dir Zeit", beruhigte Katharina sie, „wir müssen warten, bis die Pätzold ihre Runde gedreht hat."

Eilig zogen die Mädchen nun ihre Pyjamas oder Nachthemden über ihr Party-Outfit und legten sich in die Betten. Doch der zweite Kontrollbesuch ließ auf sich warten.

Gegen Viertel nach zehn öffnete Nadine, deren Schlafplatz direkt neben dem Eingang lag, vorsichtig die Tür und spähte auf den Gang. Alles war ruhig und vom Treppenhaus schimmerte nur ein schwaches Licht zu ihr hinüber. Sie flüsterte ihren Freundinnen zu, die Luft sei rein, und zog rasch ihr Nachthemd aus. Iris und Katharina sprangen aus den Betten und machten sich ebenfalls in Windeseile ausgehfertig.

Kurz darauf schlichen die Mädchen auf Zehenspitzen die Treppe hinab. Als es plötzlich hinter ihnen knarrte, zuckten sie erschrocken zusammen. Zum Glück waren es nur Antje und ihre Zimmergenossin Andrea, die ebenfalls auf dem Weg zur Geheim-Fete waren. Den Rest des Weges brachten sie ohne weitere Zwischenfälle hinter sich und betraten schließlich die „lehrerfreie Zone" von Schloss Einstein.

Dort herrschte bei gedämpftem Licht bereits großes Gedränge. Pascal, Budhi und Ole standen auf der Bühne und rechts und links von ihnen hockten ihre Fans auf dem Boden oder kauerten in Sesseln, Stühlen und Sofas. Fast alle, die auch nur im Entferntesten mit der Band zu tun hatten, waren versammelt: Marc, Ira, David, Jasmin und einige andere mehr. Vom inneren Zirkel fehlten allein Alexandra und Tom. Doch die hatten nur noch ihre Funkerei im Kopf. Und Oliver. Der wohnte bei seinen Eltern im Dorf und hatte vermutlich keinen Ausgang bekommen. Manchmal war es ganz schön praktisch, wenn Eltern weit weg waren.

Während Katharina zu den Musikern auf die Bühne ging, suchten sich die übrigen vier Plätze im Zuhörerraum. Pascal nahm seine Gitarre in die Hand, drehte an einigen Knöpfen der Anlage, checkte den Sound und griff dann voll in die Saiten, um die Schulhymne anzustimmen. Doch mitten in der Bewegung hielt er inne und starrte zur Tür, die sich in diesem Augenblick erneut öffnete.

Erschrocken blickten sich auch die anderen um. Einige Sekunden lang geschah gar nichts. Im Reich von „Alberts Enkeln" herrschte auf einmal Totenstille.

Dann drang von draußen eine brummige Jungenstimme in Dr. Wolferts Tonfall in ihre Ohren: „Was ist denn hier los? Ihr gehört doch alle längst ins Bett."

Marc identifizierte den Witzbold als Erster. Er schüttelte seinen dunkelblonden Lockenkopf und nölte: „Mann, Olli, du Vollidiot. Du hast uns vielleicht einen Schrecken eingejagt. Ich hab einen Moment lang wirklich geglaubt, Wölfchen hätte Lunte gerochen und wollte uns zur Schnecke machen. Wie bist du überhaupt hier reingekommen? Hast du etwa bei Pasulke geklingelt?"

„Mit 'nem Dietrich", erwiderte Oliver und zog seine graue Daunenjacke aus. „Ich konnte nicht früher weg. Mein Alter hat noch Ewigkeiten an einem Rad rumgedoktert. Außerdem musste ich noch was besorgen."

Lachend zog er ein silbergraues Blechschild mit einem Pfeil und der Aufschrift „Schloss Einstein" hinter dem Rücken hervor. Dieser Wegweiser war vor Jahren auf Drängen der ersten Internatsschüler von Herrn Pasulke gefertigt worden und wies seither am Ortsausgang von Seelitz den Weg zum Gymnasium und Internat. „Das erste Geschenk für ‚Alberts Enkel'", kommentierte er sein Mitbringsel und drückte es dem Bandleader in die Hand.

„Hey, voll geil, oder?", sagte Pascal.

Im Saal brandete Gemurmel und Getuschel auf. Oliver stand plötzlich im Mittelpunkt der allgemeinen Aufmerksamkeit. Einige seiner Freunde sprangen auf und klopften ihm anerkennend auf die Schulter. Der blonde Siebtklässler, neben Pascal eindeutig der längste aller Einstein-Kids, geriet in Verlegenheit. Unbehaglich blickte er nach rechts und links und wusste nicht, wie er mit diesen Beifallsbekundungen umgehen sollte. Auf einmal blickte er in zwei große braune Augen, die ihn seltsam schimmernd fixierten. In der äußersten Ecke des Probenraums hockte Nadine auf dem Fußboden und schaute ihn verklärt an. Schüchtern drehte er sich zu seinen Freunden um.

„Ja, echt ein Hammer", meldete sich nun Marc zu Wort. Er warf einen Blick auf die Wände ringsum. „Aber ein bisschen einsam. Findet ihr nicht auch, dass es hier ziemlich öde aussieht?"

„Das muss ja nicht so bleiben", erwiderte Pascal, der sein Instrument wieder weggelegt hatte. „Im Dorf gibt es ja noch jede Menge Schilder."

„Wie meinst du das?", erkundigte sich David aus der Sechs.

„Na wie wohl?" Pascal grinste überheblich. „Wir holen uns einfach Nachschub."

„Super Idee", stimmte Budhi begeistert zu.

„Das meint ihr doch nicht ernst?" Davids Stimme klang unsicher, er hatte Schiss. „Das gibt doch einen Höllenärger."

„Mann, die Nummer muss ja nicht grade am helllichten Tag ablaufen", sagte Pascal cool. „Wir ziehen morgen Nacht los. Na, was meint ihr?"

„Warum nicht?" Oliver kratzte sich nachdenklich hinterm Ohr. „Besonders viel ist in unserem Kaff nach zehn nicht mehr los. Und wir müssen ja nicht unbedingt das Schild von der Polizeiwache klauen."

David blieb skeptisch, und auch Iris rutschte vor Angst das Herz in die Hose. Doch die beiden wurden einfach überstimmt.

„Also, damit ist die Sache beschlossen", verkündete Pascal. „Morgen Abend zur selben Zeit. Und jetzt lasst uns endlich loslegen."

Er griff sich „Hendrix" und begann zu spielen. Budhi und Ole ließen sich nicht zweimal bitten und stimmten in den vorgegebenen Sound ein. Zunächst wurde die Hymne von Schloss Einstein gespielt, und danach wechselte Pascal zu einem harten Techno-Groove.

Es dauerte nicht lange und die ersten Mädchen standen auf der Tanzfläche und bewegten sich zu den Rhythmen. Die Jungen zögerten zunächst noch, doch als Marc sich mitreißen ließ, gab auch Oliver seine Zurückhaltung auf.

Die Stimmung im Keller wurde immer ausgelassener. Inzwischen hatten Budhi und Katharina ihre Instrumente beiseite gelegt und sich unter die Tänzer gemischt. Pascal dagegen griff unverdrossen in die Saiten.

Nach einer halben Stunde wechselte der Gitarrist den Rhythmus und gab Schmuserock zum Besten. Nach und nach leerte sich die Tanzfläche. Iris ließ sich restlos geschafft neben Antje in die Kissen fallen und atmete schwer. Sie war völlig fertig. Erschöpft blickte sie noch einmal zu den Tänzern und stieß ihre Freundin aufgeregt in die Seite. „Schau dir das mal an!"

Antje sah in die ihr gewiesene Richtung und geriet nun ihrerseits ins Staunen. Dass Budhi und Katharina wie verrückt klammerten und knutschten, hatte sie nicht anders erwartet. Aber außer dem Traumpaar der Schule tanzten noch zwei Kids, wenn auch weniger eng und überdies ziemlich täppisch. Nadine hatte sich an Oliver geschmiegt und die Augen geschlossen. Und der Junge hatte seinen Arm um sie gelegt und versuchte den Takt zu halten. Was ihm einige Mühe bereitete. Außerdem war ihm deutlich anzumerken, dass er das Klammern auch noch üben musste.

„Na, wenn sich da nichts anbahnt, übernehme ich freiwillig deinen nächsten Küchendienst", tuschelte Antje ihrer Freundin zu. Doch Iris schaute nur verträumt vor sich hin. Zu gerne hätte sie mit Nadine getauscht.

Binsenweisheiten und Sparmaßnahmen

Am nächsten Morgen brodelte in der Sechs die Gerüchteküche auf vollen Touren. Innerhalb kürzester Zeit hatte sich herumgesprochen, dass Nadine und Oliver während der nächtlichen Session nur Augen füreinander gehabt hatten. Einige schossen übers Ziel hinaus und behaupteten, sie hätten sogar heftig geknutscht. Doch das wollte und konnte keiner der Augenzeugen bestätigen.

Darüber hinaus hatte am vorigen Abend noch ein Ereignis stattgefunden, das heftig diskutiert wurde. Gegen acht Uhr abends, lange vor der heimlichen Zusammenkunft im Keller, war Ole bei einer harmlosen Rangelei mit seinem Kumpel David im Foyer ins Straucheln geraten und hatte sich dabei eine Prellung seines Fußknöchels eingehandelt.

Zufälligerweise war ausgerechnet zu diesem Zeitpunkt eine Krankenschwester im Internat. Sibylle Seiffert saß im Lehrerzimmer und sprach mit Dr. Wolfert über ihre Notlage. Wider alle Erwartungen erwies sich der stellvertretende Direktor als äußerst verständnisvoll und schlug vor, Frau Seiffert das Schulgeld so lange zu stunden, bis sie wieder Arbeit gefunden hatte. Allerdings verschwieg er ihr nicht den Zwischenfall in der Eisdiele und ermahnte die Mutter eindringlich, dafür zu sorgen, dass Vera nicht noch einmal auf solch eine abwegige Idee verfiele.

Mitten in dieses ernste Gespräch war David geplatzt und hatte den aufsichtführenden Lehrer über den Unfall in Kenntnis gesetzt. Ohne zu zögern war Frau Seiffert ins Erdgeschoss gelaufen und hatte den Jungen verarztet. Und das so perfekt, dass Ole ein paar Stunden später schon wieder auf sein Schlagzeug einprügeln konnte, als sei nichts gewesen.

Als David in Wolferts Büro gestürmt war, hatte er ein paar Gesprächsfetzen aufgeschnappt, und so hatte sich herumgesprochen, weshalb Veras Mutter so spät noch auf Schloss Einstein gewesen war. Vorerst wagte allerdings niemand, das Thema zur Sprache zu bringen.

Nach der großen Pause platzte jedoch die Bombe.

Die Schüler beeilten sich rechtzeitig im Klassenzimmer zu sein. Für die dritte Stunde war Deutsch bei Dr. Wolfert angesagt, der bekanntlich schon die geringfügigste Verspätung wie ein Verbrechen ahndete.

Als Vera mit Nadine aus der Schülerbar zurückkam, wurde sie von David und Ole aufgehalten.

„Sag mal, Vera“, fragte David neugierig, „hab ich das gestern Abend richtig mitbekommen? Deine Mutter ist arbeitslos?“

„Lass mich in Ruhe!“, fertigte Vera ihn kurz ab.

„Nun aber, man wird doch noch mal fragen dürfen.“

„Ja, das hast du richtig mitbekommen.“

„Was geht dich das überhaupt an?“, eilte Nadine ihrer Freundin zu Hilfe.

„Na, ich meine ja nur wegen deinem Referat“, sagte der Junge. „Meine Mutter, die super Krankenschwester ...“

„Ja und?“ Vera funkelte ihren Klassenkameraden böse an. „Das ist sie ja auch.“

„So, und warum ist sie dann arbeitslos?“, mischte sich nun Ole ein. „Ich denke, du hast uns alle ganz schön verarscht. Als du uns von ihrem Superjob vorgejubelt hast, hat sie doch garantiert schon auf der Straße gestanden.“

Inzwischen hatte sich um die vier Streithähne eine Traube von Zuschauern gebildet. Obwohl Wolfert jede Sekunde auftauchen konnte, wollte niemand verpassen, wie das hier weiterging.

„Lasst Vera in Ruhe mit eurem Müll!“, rief Iris erbost. „Meint ihr nicht, dass das alles auch ohne eure blöden Kommentare schon schlimm genug für sie ist?“

„Genau!“, stimmte Antje zu. „Außerdem solltest du froh sein, dass deine Eltern nicht arbeitslos sind, David.“

„Meinen Eltern kann so was nicht passieren“, erklärte David bestimmt.

„Jedem kann das passieren“, betonte Iris.

„Das kannst du so nicht sagen“, widersprach Ole besserwisserisch. „Die meisten Arbeitslosen sind doch selbst schuld. Wenn du 'ne richtige Ausbildung hast und arbeiten willst, kriegst du auch 'nen Job. Das steht fest.“

„Du musst es ja wissen“, erwiderte Vera mit rotem Gesicht.

„Komm, reg dich nicht auf!“, versucht Nadine ihre Freundin zu beschwichtigen. „Der quatscht doch nur den Schwachsinn nach, den seine Eltern ihm vorgekaut haben.“ Sie wandte sich an Ole. „Wer hat eigentlich gestern Abend deinen Fuß verarztet, du Schlaumeier?“

„Na, Veras Mutter.“ Das Großmaul wurde auf einmal kleinlaut. „Trotzdem, wir leben in einer Leistungsgesellschaft …“

„Schön, solche Worte ausgerechnet aus deinem Mund zu hören, Ole“, griff jetzt Dr. Wolfert ein, der unbemerkt hinzugetreten war. „Aber wie wäre es, wenn du diese löbliche Erkenntnis in meinem Unterricht in die Tat umsetzen würdest?“ Er klatschte auffordernd in die Hände. „Hopp hopp, meine Damen und Herren! Die Pause ist beendet. Und ich denke, wir sollten uns aus aktuellem Anlass der Frage zuwenden, wie das Missverhältnis zwischen Beschäftigung Suchenden und freien Arbeitsplätzen in unserer Gesellschaft zu bewerten ist.“

Wenig später saßen die Kinder hinter ihren Bänken und der Lehrer forderte sie auf, den Ausgangspunkt ihrer Kontroverse zu benennen.

Als Ole sofort mit den Fingern schnippte, griff Tom ein. „Bitte, Ole, verschone uns mit deinen Binsenweisheiten. Du hast genug Blödsinn von dir gegeben.“

„Moment mal, ich darf mich ja wohl noch verteidigen“, sagte Ole und wand sich unbehaglich auf seinem Stuhl. „Ich wollte mich bei Vera entschuldigen. Das ist eben ziemlich blöd gelaufen und tut mir wirklich Leid.“

„Vergiss es!“, entgegnete Vera schroff.

„Gut. Das hätten wir dann ja geklärt.“ Dr. Wolfert wanderte vor dem Pult auf und ab. „Jetzt sollten wir uns allgemeineren Fragen zuwenden. Also, wir haben in Deutschland mehr als vier Millionen Arbeitslose. Gleichzeitig fehlt es in bestimmten Bereichen an notwendigem Personal ..."

„Genau!", rief Ole, der sich innerhalb kürzester Zeit vom Saulus zum Paulus verwandelt zu haben schien. Hatte er wirklich so schnell Vernunft angenommen? Oder fürchtete er nur, Wolfert könnte seinen Leistungswillen ernsthaft auf die Probe stellen? Jedenfalls fuhr er beflissen fort: „Zum Beispiel fehlt hier an unserer Schule eindeutig eine Krankenschwester. Wenn Frau Seiffert gestern nicht zufällig hier gewesen wäre, hätte ich mit meinem Fuß verdammt alt ausgesehen."

„Ole hat Recht", kam Katharina ihm zur Hilfe. „Irgendeinem von uns passiert doch ständig was. Wir können froh sein, dass es bislang noch keine Katastrophe gegeben hat."

„Hmm ... ein gutes Beispiel." Der stellvertretende Direktor überlegte, völlig falsch lagen die Schüler tatsächlich nicht. Wer konnte schon garantieren, dass nicht wirklich mal etwas Ernstes vorfiel? „Also, eine Krankenschwester für Schloss Einstein ... Ja, das wäre in der Tat sinnvoll. Aber wir müssen auch die Kosten bedenken. Selbst bei einer halben Stelle müssten wir cirka 25 000 Mark im Jahr aufbringen. Dazu kommen noch die Lohnnebenkosten. Und wo nehmen wir das Geld her?"

Auf diese Frage wusste zunächst niemand eine Antwort.

„Seht ihr", fuhr Dr. Wolfert fort, „genau das ist das Problem. Bedarf besteht und es gibt auch genügend Personen, die Arbeit suchen. Nur bei der Finanzierung hakt es."

„Und wenn wir das Geld irgendwo abzweigen könnten?", meinte Nadine.

„Schön, aber wo?", fragte der Lehrer.

Jetzt streckte Tom den Arm in die Luft. „Ich wüsste, wie wir locker 15 000 Mark zusammkriegen könnten."

Alle wandten sich neugierig zu dem Klassenbesten um. Es war verrückt, er wusste offenbar auf jede Frage eine Antwort.

Auch Dr. Wolfert wartete gespannt.

„Das Ministerium für Jugend, Sport und Bildung hat einen Wettbewerb ausgeschrieben", erklärte der kleine Professor. „Ich hab im Internet davon gelesen. Die Schule, die die besten Vorschläge für Energieeinsparungen macht, gewinnt den Hauptpreis. Na, was sagt ihr dazu?" Tom schaute begeistert nach rechts und links, als hätten sie den Preis bereits in der Tasche.

Einen Augenblick lang herrschte im Klassenzimmer angespanntes Schweigen. Dann meldete sich Iris zu Wort: „15 000 wären doch immerhin ein Anfang."

„Ja!" Nadine strahlte übers ganze Gesicht. „Und das eingesparte Geld kommt noch dazu. Wenn das klappt, können wir Frau Seiffert vielleicht wirklich einstellen."

Als jetzt ein aufgeregtes Getuschel aufbrandete, zeichnete sich auf Dr. Wolferts Lippen ein Lächeln ab. Wie es aussah, überlegten die Kinder eifrig, auf welche Weise sie Energie sparen konnten. Auch wenn er weniger überzeugt war als seine Schüler, dass nur das „Albert-Einstein-Gymnasium-Internat Schloss Seelitz" den Wettbewerb gewinnen konnte, fühlte er sich doch bestätigt. Soziales Engagement bewiesen die Sechstklässler immerhin. Also hatten sie tatsächlich etwas bei ihm gelernt.

Unheimliche Begegnung der fünften Art

Auch heute trafen sich Tom und Alexandra nach Unterrichtsende im Labor. Das Mädchen schwor Stein und Bein, dass hinter den mysteriösen Morsezeichen niemand anders als der Hausmeister stecken konnte. Aber sie war neugierig, was sich Herr Pasulke noch alles einfallen ließ. Und sie sann bereits fieberhaft über Möglichkeiten nach, ihm dieses Spielchen heimzuzahlen.

Tom war von Herrn Pasulkes Täterschaft weniger überzeugt. Deshalb versuchte er mit ungebrochenem Optimismus, erneut Kontakt mit den Unbekannten aus dem All aufzunehmen.

Gegen 16 Uhr war es soweit. Der Ticker meldete sich und der Sechstklässler schrieb eifrig mit. „neue – landung – auf – platz – acht – im – zeichen – des – pythagoras – 8 – 7 – spielen ..."

„Im Zeichen des Pythagoras?" Alexandra verstand nur Bahnhof. „Ist Pasulke jetzt völlig übergeschnappt?"

„Na, das bedeutet, dass wir den Landeplatz in Form eines rechtwinkligen Dreiecks markieren sollen", erklärte Tom ernst. „Und dass Pasulke hinter der ganzen Sache steht, ist ausschließlich eine Vermutung. Deine Vermutung."

„So, dann haben deine Außerirdischen vor ihrem Besuch auf Schloss Einstein wohl erst noch einen Schnupperkurs in griechischer Philosophie absolviert?", konterte die Skeptikerin schnippisch. „Mal sehen, welche Register unser lieber Hausmeister noch zieht."

„Aber was das hier bedeuten soll, verstehe ich selbst nicht", murmelte Tom nachdenklich, ohne auf Alexandras bissigen Kommentar einzugehen. „‚Spielen hchachfefd ohne Ende'".

„Wahrscheinlich hast du falsch mitgeschrieben. Das heißt garantiert Schachfeld."

„Habe ich nicht." Tom war beleidigt. „Selbst im Morsealphabet kann ich sehr wohl ein ‚f' von einem ‚l' unterscheiden."

In diesem Moment betrat der vermeintliche Absender der rätselhaften Nachricht den Raum. „Na, seid ihr wieder mit euren Freunden aus dem Universum zugange", erkundigte sich Herr Pasulke.

„Ja", antwortete Alexandra, die aufgestanden war und ihrem Mitstreiter über die Schulter lugte. „Wir haben das Rätsel fast gelöst. Aber mit dem ‚hchachfefd' können wir nix anfangen. Wollen Sie uns nicht verraten, was damit gemeint ist?"

„Woher soll ich das denn wissen", erwiderte der Hausmeister und setzte sein harmlosestes Gesicht auf. „Ich bin doch kein Ufologe."

Alexandra wollte ihm gerade sagen, er solle das alberne Getue endlich lassen, sie hätten ihn durchschaut, als Tom aufgeregt auf seinem Stuhl hin und her rutschte. Eben traf eine neue Nachricht ein.

Verdattert schaute das Mädchen den Hausmeister an, der gespannt zusah, wie Tom die neueste Mitteilung der Außerirdischen mitschrieb. Sie hätte ihren Kopf verwettet, dass er sie auf den Leim führen wollte. Doch sein Gesicht widerlegte diese Vermutung. Außerdem konnte er wohl kaum eine Nachricht senden, wenn er gerade neben ihr stand. „Was ist denn?", fragte Herr Pasulke, als er Alexandras starren Blick bemerkte. „Hab ich was im Gesicht."

„Nein ...", stammelte sie, „es ist nur ... weil ... Ach, schon gut. Das ist alles ziemlich seltsam."

„Das finde ich auch", bestätigte Pasulke. „Ich würde ja zu gerne wissen, was eure Freunde erzählen. Leider hab ich keine Zeit. Ihr haltet mich aber auf dem Laufenden. Versprochen?"

Im nächsten Atemzug war er schon zur Tür hinaus. Tom triumphierte: „Ich hab dir doch gleich gesagt, dass Pasulke nichts mit der Sache zu tun hat. Jetzt kannst auch du das nicht mehr abstreiten."

Alexandra seufzte. Offensichtlich hatte sie ihren väterlichen Freund tatsächlich zu Unrecht verdächtigt. Aber an Aliens glaubte sie deshalb noch lange nicht.

Unverzagt begab sich Tom wieder an die Entzifferung der letzten Nachricht. „Also, ein rechtwinkliges Dreieck. 8 und 7 sind vermutlich a und b. In Metern oder was?"

Trotz ihrer Skepsis begann auch Alexandra wieder über das Rätsel nachzudenken. „Also, a^2 plus b^2 gleich c^2 … Acht mal acht gleich 64 plus 7 mal 7 gleich 49 gibt 113. Und daraus die Quadratwurzel?"

„Hmm …" Tom rauchte der Kopf. „Zehn mal zehn macht 100, elf mal elf gibt 121. Irgendwas zwischen 10 und 11 also. Ohne Taschenrechner krieg ich das nicht raus."

„Ich auch nicht. Verschieben wir auf später. Aber das falsche ‚Schachfeld'?"

„Lass mich überlegen." Der kleine Professor nahm den Zettel in die linke Hand und schlenderte ziellos im Raum umher. Verwundert beobachtete Alexandra, dass er auf einmal mit der rechten Hand rhythmisch in der Luft herumfuchtelte.

„Bist du jetzt total durchgeknallt", fragte sie.

„Im Gegenteil, ich glaub, ich hab die Lösung", jubelte Tom. „Das ist 'ne Melodie, die wir wahrscheinlich zur Begrüßung spielen sollen. Vielleicht ihre Nationalhymne."

„Na bravo. Bist du auch sicher, dass das keine extraterrestische Tonleiter ist? Sonst spielen wir noch falsch und sie hauen gleich wieder ab."

„Du musst ja nicht mitkommen", entgegnete Tom auf diesen spöttischen Einwurf. Er war ernsthaft sauer. Aber von seinem Plan ließ er sich durch Alexandras Miesmacherei nicht abbringen. „Auf jeden Fall brauchen wir heute Abend jede Menge Taschenlampen. Und jemand, der ein Instrument spielt. Pascal?"

„Dann schon lieber Budhi, der posaunt wenigstens nicht überall raus, wie lächerlich wir uns mit dieser Kiste machen", meinte Alexandra. „Ich rede mit ihm. Aber Gnade dir Gott, wenn das wieder 'ne Pleite gibt."

Ungefähr zwei Stunden später schlichen drei einsame Gestalten in der Dunkelheit zu einer Lichtung im Schlosspark. Der Platz lag nicht allzu weit vom Ortsrand entfernt, die Gefahr, von Dorfbewohnern überrascht zu werden, war dementsprechend groß.

Budhi begleitete die beiden Ufo-Forscher mit mürrischer Miene. Er hatte eine dicke Jacke und eine Mütze übergezogen und hielt seine Geige unter dem Arm. Es war bitterkalt, er fror und außerdem war diese Aktion der größte Schwachsinn, zu dem er sich jemals hatte überreden lassen. Aber es war unklug, Alexandra eine Bitte abzuschlagen. Spätestens bei der nächsten Mathearbeit würde er ihre Hilfe dringend benötigen.

Auch das Mädchen sah alles andere als begeistert aus. Sie ahnte, dass ihnen übel mitgespielt wurde. Aber ihr Wissensdrang war allemal stärker als die Furcht vor einer Blamage. Also half sie Tom, mit Hilfe von Fackeln und Taschenlampen das Feld abzustecken, auf dem die fliegende Untertasse landen sollte.

Als sie fertig waren, wandte sich Tom erwartungsvoll an Budhi und sagte: „Es ist soweit, du kannst loslegen."

Budhi presste die Geige gegen das Kinn und setzte den Bogen an. „Meinetwegen", knurrte er. „Aber ich kann euch sagen, so blöd wie jetzt bin ich mir noch nie vorgekommen."

Er begann zu spielen, doch die Melodie klang ausgesprochen bizarr. Sofern man überhaupt von einer Melodie sprechen konnte.

Fünf Minuten verstrichen und nichts geschah. Alexandra wurde immer nervöser, Budhi spielte immer widerwilliger, nur Tom war durch nichts zu beirren. Er war felsenfest davon überzeugt, in die Geschichtsbücher einzugehen. Künftig würde man die Ortsnamen von Roswell und Seelitz in einem Atemzug nennen.

„Mir reichts!", erklärte Budhi schließlich und setzte sein Instrument ab. „Ich mach mich doch nicht zum Affen."

„Bitte, einmal noch", quengelte Tom. „Wir müssen ihnen schon etwas Zeit lassen."

„Okay, aber wirklich nur noch ein Durchgang", gab Budhi ein letztes Mal nach. Kaum hatte er wieder eingesetzt, da raschelte es verdächtig. Tom machte „Pssst!" und starrte gebannt zu dem dichten Buschwerk am Rande der Lichtung.

Im nächsten Augenblick schraken die Kinder zurück. Zwischen den Sträuchern kamen zwei Gestalten in knallroten Thermopen-Anzügen und mit schwarzen Plastikmasken vor den Gesichtern zum Vorschein. Die Aufmachung erinnerte Alexandra an eine Mischung aus Freiwillige-Feuerwehr-Uniform und Star-Wars-Kostümen. Alles sprach für eine billige Karnevalsnummer. Und doch spürte das Mädchen Angst in sich aufsteigen.

Verstohlen lugte sie zu ihren Begleitern. Auch die waren völlig verdattert und wussten nicht, was sie tun sollten.

Jetzt verbeugten sich die Außerirdischen.

„Los!", zischte Tom aufgeregt. „Wir müssen uns auch verbeugen. Macht schon!"

Widerwillig folgten Alexandra und Budhi dem Beispiel des Kleineren und neigten ihre Häupter vor den Fremdlingen.

„Wir von andere Galaxie kommen", meldete sich einer der Besucher nun mit merkwürdig scheppernder Stimme zu Wort. „Wir unterwerfen Schloss Einstein. Schüler von jetzt an unsere Sklaven."

Dann rissen sie sich die Masken vom Gesicht und brachen in schallendes Gelächter aus.

Für Bruchteile von Sekunden stockte den Internatsschülern der Atem. Das war keine unheimliche Begegnung der dritten Art. Auch nicht der vierten. Sondern der fünften. Mindestens. Mit anderen Worten: Es war die peinlichste Nummer, die man sich überhaupt vorstellen konnte.

„Ich raffe es nicht", rief Alexandra fassungslos und schlug sich mit der Hand vor die Stirn. „Atze und Wolf!"

Tom blickte bedröppelt zu Boden und Budhi fauchte seine Klassenkameradin gallig an. „Bravo, morgen weiß ganz Seelitz, dass wir die größten Schwachköpfe aller bislang erforschten Galaxien sind."

Aufruhr im Dorf

Am Morgen darauf herrschte im brandenburgischen Seelitz ein heilloses Durcheinander. Überall im Dorf wurde getuschelt und gemutmaßt und die kleine Polizeieinheit der 800-Seelen-Gemeinde war um drei Streifenwagen aus der Landeshauptstadt Potsdam verstärkt worden. Anlass dieses Aufruhrs war allerdings keineswegs die Landung der Außerirdischen im Schlosspark, sondern ein weit irdischerer Akt von Vandalismus: In der Nacht waren von Zäunen, Gärten, Häusern und Amtsgebäuden zahllose Schilder abgeschraubt und gestohlen worden. Hier fehlte die „Warnung vor dem bissigen Hund", da der Hinweis „Eintritt verboten". Die meisten Seelitzer Straßen waren namenlos und das Standesamt fanden heute nur diejenigen, die ohnehin wussten, wo es sich befand.

Alles deutete auf einen dummen Streich hin, was zwar ärgerlich, aber im Grunde nicht wirklich gefährlich war. Und die Polizei hätte den Vorfall vermutlich auch weitgehend auf sich beruhen lassen, hätten die Diebe nicht dummerweise auch einige Verkehrsschilder mitgehen lassen. So aber musste der Sache nachgegangen werden. Ob man die Täter je würde dingfest machen können, stand freilich in den Sternen.

Eines der ersten Opfer des dreisten nächtlichen Raubzuges war ausgerechnet der pflichtbewusste stellvertretende Direktor des Internats. Wie jeden Morgen kam Dr. Wolfert auch heute kurz nach sieben Uhr auf der Landstraße von Potsdam nach Seelitz und wollte über die Umgehungsstraße weiter Richtung Schule fahren. Plötzlich jedoch stutzte er. Rechts ging eine enge Gasse ab, die mitten durchs Dorf führte und den Weg zum Schloss um gut einen Kilometer abkürzte. Gestern noch war dies eine Einbahnstraße gewesen, doch heute sah er kein Verbotsschild. Offensichtlich hatte man die Verkehrsführung über Nacht geändert.

Kurz entschlossen stieg der Lehrer in die Bremsen, setzte den Blinker und bog ab. Weit kam er freilich nicht. In der Gasse stand ein Polizeiauto und daneben ein Beamter, der Wolfert mit seiner Kelle stoppte. Er wies den Mann am Steuer darauf hin, dass er die Einbahnstraße in der verbotenen Richtung befahren hatte und forderte ein Ordnungsgeld von 20 DM. Dr. Wolfert fühlte sich unschuldig und sprach den Polizisten auf das fehlende Verkehrsschild an. Doch der Uniformierte ließ nicht mit sich handeln, der „Verkehrssünder" musste zahlen oder mit einer Anzeige rechnen.

Zähneknirschend zückte Dr. Wolfert seine Geldbörse und zahlte. Doch der Vorfall war damit für ihn beileibe nicht abgetan. Den ganzen Vormittag über gab es kein anderes Thema für den zu Unrecht Bestraften, jeder musste sich die Geschichte von Wolferts Demütigung anhören, ob er wollte oder nicht. Aufgebracht verkündete der ordnungsliebende Pädagoge, dass die Verantwortlichen für den Schilderdiebstahl, sollten sie je ausfindig gemacht werden, drakonisch bestraft werden müssten. Wäre es nach ihm gegangen, hätten die örtlichen Behörden glatt das Bundeskriminalamt zu Ahndung dieses Verbrechens eingeschaltet. Der strenge Pädagoge ahnte ja nicht, dass sich die „Kriminellen" in seiner unmittelbaren Nähe befanden.

Selbstverständlich ging der Schilderklau auf das Konto von „Alberts Enkeln" und ihren Fans. Vor Schulbeginn trafen sie sich im Probenraum, um unter lautem Beifallsgejohle die Früchte ihres Beutezugs zu begutachten.

„‚Praxis Dr. Wölfchen'", las Pascal laut vor und hielt das Arztschild grinsend in die Luft. „Ist sicher der kleine Bruder von unserem Wolfert."

Budhi betrachtete ein Schild, das Ole in der Hand hielt. „Ist ja 'ne Schande, Erich Kästner war ihnen nur 'ne Gasse wert. Die haben anscheinend nie ‚Emil und die Detektive' gelesen." Er wandte sich zu Antje. „Und was hast du? Zeig doch mal!"

Strahlend hielt das Mädchen daraufhin ihren Beitrag zu der illegalen Sammlung hoch.

„Wow!", rief Pascal begeistert. „Die Albert-Einstein-Straße. Schätze, das ist die Nummer eins. Genau das Richtige für die Wand neben der Kellertreppe. Der Wegweiser zum Probenraum."

„Klar", meinte Katharina ironisch. „Vielleicht sollten wir's gleich oben im Foyer anbringen. Dann wissen die Lehrer, gleich was Sache ist."

Dieser Einwand brachte selbst Pascal, der selten um eine Antwort verlegen war, zum Verstummen.

Kurz darauf stieß Oliver zu den anderen. Er war völlig außer Atem, weil er tierisch verschlafen hatte und deshalb auf seinem Rad in die Vollen steigen musste, um der Frühversammlung beizuwohnen. Um ein Haar wären Nadine und er in der Nacht einem Dorfpolizisten in die Arme gelaufen. Die beiden hatten gerade begonnen, an einem Zaun das Warnschild vor dem Hund abzumontieren, als Marc, der Schmiere stand, sie alarmierte. Dummerweise war das Mädchen bei der panischen Flucht mit dem Fuß umgeknickt und konnte nicht mehr weiterrennen. In allerletzter Sekunde hatten sie sich hinter einer Mauer versteckt und anschließend eine Ewigkeit dort gewartet, bis die Luft wieder rein war. Dieses ungeplante Tête-à-tête hatte sich auf Schloss Einstein schnell herumgesprochen und ließ die Gerüchteküche heftig brodeln. Doch weder Nadine noch Oliver wollten erzählen, auf welche Weise sie sich die Wartezeit in der Kälte vertrieben hatten.

Vorübergehend trat diese Frage jedoch in den Hintergrund. Denn jetzt präsentierte Oliver stolz seine Errungenschaften, darunter auch das Einbahnstraßenschild, dessentwegen Dr. Wolferts Portemonnaie erleichtert worden war.

Einige Schüler brachen in Jubelgeschrei aus, als sie erkannten, was Oliver da angeschleppt hatte. Doch der Rädelsführer der Schilderklau-Aktion war auf einmal sehr ernst.

„Mann, wir hatten doch abgemacht: Keine Verkehrsschilder“, sagte Pascal. „Du Blödmann hetzt uns noch die Bullen auf den Hals. Kein Wunder, dass das Dorf von Grünen nur so wimmelt.“

„Nun beruhig dich mal“, maulte Oliver beleidigt.

Doch auch Marc schüttelte den Kopf. „Hoffentlich passiert kein Unfall. Sonst gibt's wirklich höllischen Ärger.“

In diesem Moment schellte die Glocke. In fünf Minuten begann der Unterricht. Hastig verstauten die Kids ihre Schilder und fassten den Beschluss, am Abend zusammenzukommen, um den Hit unter den gestohlenen Schildern zu prämieren. Dann eilten sie nach oben.

Am Nachmittag spitzte sich die Lage zu. Dr. Stollberg bekam unangekündigten Besuch. Bis dahin war der Direktor bester Laune gewesen. Sein Stellvertreter und die Schüler der Sechs hatten ihm von dem Vorhaben berichtet, durch Energiesparmaßnahmen das Geld für eine Krankenschwesternstelle im Internat aufzubringen und so Veras Mutter zu unterstützen. Angetan vom sozialen Engagement der Schüler hatte er in seinen Akten gewühlt und tatsächlich einen Topf aufgetan, aus dem man noch schöpfen konnte. Für eine Halbtagskraft reichte es allemal. Außerdem verfügte der Direktor über gute Beziehungen und die ließ er spielen. Und so konnte er den Kindern am Nachmittag mitteilen, dass die Mutter ihrer Mitschülerin nicht nur im Internat anfangen konnte, sondern gute Aussichten hatte, bald einen zweiten Halbtagsjob in der Altenpflege des Seelitzer Sozialamtes zu bekommen. Die Teilnahme am Energiesparwettbewerb war damit jedoch keineswegs gestorben. Das Geld aus einem möglichen Gewinn würde man gegebenenfalls für andere Zwecke verwenden.

Kurz nach diesen erfreulichen Ereignissen stand ein Polizeiwachtmeister im Direktionsbüro. Der Beamte fahndete nach den Tätern des nächtlichen Diebeszuges und hatte auch die Internatsschüler in den Kreis der Verdächtigen einbezogen. Einziges Indiz für seine Vermutung war allerdings der Sachverhalt, dass die Vandalen auch das Schild der „Albert-Einstein-Straße“ entwendet hatten.

Dr. Stollberg verwahrte sich entschieden gegen das Ansinnen, die Schule durchsuchen zu lassen. Für seine Schüler würde er die Hand ins Feuer legen, erklärte er. Stunden später musste er sich allerdings eingestehen, dass er sich dabei gewaltige Verbrennungen zugezogen hätte.

Gegen elf Uhr in der Nacht, der Direktor wollte sich gerade zur Ruhe begeben, klingelte das Telefon. Am anderen Ende war seine Ex-Frau. Lou bestand darauf, unbedingt noch mit Pascal zu sprechen. Es sei wichtig.

Zähneknirschend gab er nach und lief in den zweiten Stock, um seinen Sohn zu wecken. Doch Pascal lag nicht im Bett, ja, er befand sich nicht einmal im Raum. Und seine Mitbewohner waren ebenfalls verschwunden.

Als er die Verschollenen auch in der Schülerbar nicht antraf, schöpfte er Verdacht. Eilig rannte er in den Keller. Schon auf der Treppe spürte er, dass er richtig vermutet hatte. Aus der hintersten Ecke des dunklen Gewölbes drangen gedämpfte Laute. Leise tastete er sich vorwärts und lauschte. Verstehen konnte er jedoch kein Wort. Die Kinder hatten den Raum gut isoliert, um den Schall zu dämpfen.

Als er schließlich öffnete, schlug ihm ein Heidenlärm entgegen. Die Kinder johlten und kreischten und riefen im Stakkatorhythmus: „Küssen! Küssen! Küssen!“

„Was ist denn hier los?“, rief Dr. Stollberg laut. Der Tumult erstarb auf der Stelle und an die zwanzig Augen starrten entsetzt und ängstlich in seine Richtung. In der nächsten Sekunde hätte ihn fast der Schlag getroffen: Überall an den Wänden hingen grell bunte Schilder, unter anderem auch ein rundes rotes mit einem dicken weißen Streifen in der Mitte.

Die ersten Schüler sprangen von ihren Plätzen auf und stürmten an ihm vorbei zur Tür. Der Direktor war viel zu verblüfft, als dass er sie daran hätte hindern können. In Windeseile hatten sich fast alle davongestohlen. Als einer der letzten schlich Budhi an ihm vorüber, dicht gefolgt von Pascal, der seinem Vater einen wütenden Blick zuwarf.

„Moment mal!“, hielt Stollberg ihn zurück. „Ich denke, du hast mir was zu erklären.“

„Du mir auch“, blaffte der blonde Schlaks zurück. „Was hast du hier überhaupt zu suchen? Der Probenraum ist ‚lehrerfreie Zone‘, das hast du selbst mitbeschlossen.“

Stollberg war baff. „Sag mal, begreifst du eigentlich nicht, was ihr da angestellt habt? Das ist Diebstahl. Und, schlimmer noch, Gefährdung von Menschenleben. Ihr habt Verkehrs- und Warnschilder entfernt.“

„Hey, übertreib nicht so maßlos“, widersprach Pascal uneinsichtig. „Die paar harmlosen Schildchen ...“

„Harmlose Schildchen? Und das Einbahnstraßenzeichen? Oder das hier: ‚Vorsicht! Hochspannung!‘ Ist das auch alles harmlos?“

Pascal schrak kurz zusammen. Heute früh hatte er Oliver schließlich selbst wegen der Verkehrsschilder angemeckert. Ganz falsch lag sein alter Herr mit seinen Vorwürfen also nicht. Doch dann gewann sein Trotz die Oberhand. „Das ist trotzdem kein Grund, einfach hier reinzuschneien und ...“

„Schluß jetzt!“, schnauzte der verärgerte Vater.

„... hier den wilden Max zu spielen“, führte Pascal seinen Satz ungerührt zu Ende.

Er wollte gehen, doch Stollberg stellte sich ihm in den

Weg. „Sag mal, warst du eigentlich der Anstifter zu diesem … Schilderklau?"

„Wenn du meinst …" Pascal zuckte verächtlich mit den Schultern. „Reife Leistung für einen, der sich Vater nennt."

„Jetzt werd nicht auch noch frech." Der normalerweise stets beherrschte und ruhige Lehrer zitterte am ganzen Leib. Er war wütend und hilflos zugleich. „Jedenfalls gab es solche Vorfälle nicht, bevor du hergekommen bist."

„Dann schick mich doch zurück zu meiner Mutter", blaffte Pascal zurück. „Dann bist du wieder allein mit deinen Unschuldslämmern."

Mit dieser Antwort ließ er seinen Vater brüsk stehen.

Vorzeitiger Abschied?

Zwei Tage nach den aufregenden Ereignissen im Dorf fiel der lange erwartete erste Schnee. Als Dr. Stollberg morgens aufstand, war die Temperatur auf fünf Grad minus gefallen und der Schlosshof lag unter einer dünnen weißen Decke. Wieder hatte der Schulleiter nur wenig und äußerst unruhig geschlafen. Er fühlte sich schwach und machte einen niedergeschlagenen Eindruck. Die Geschehnisse der letzten beiden Tage hatten ihn ziemlich mitgenommen, aber was heute auf ihn zukam, war weitaus schlimmer. Ihm stand ein schwerer Abschied bevor, ein Abschied, der umso schlimmer war, als er plötzlich kam. Und viel zu früh.

Und Pascal war wild entschlossen, heute noch abzureisen. Auch am Morgen nach ihrem heftigen Streit hatte er sich uneinsichtig gezeigt und war seinem Vater keinen Millimeter entgegengekommen. Dabei war die Sache für den Schulleiter so schon schlimm genug. Er musste die Polizei informieren, die Angelegenheit möglichst diskret regeln und zudem noch mit seinen Kollegen über denkbare Sanktionen sprechen.

Wie nicht anders zu erwarten, führte sich sein Stellvertreter wie Rumpelstilzchen auf. Dr. Wolfert sprach von „organisierter Bandenkriminalität" und verlangte, die Übeltäter drakonisch zu bestrafen, vor allem natürlich die Rädelsführer.

Kleinlaut musste der Direktor zugeben, dass sein eigener Sohn vermutlich der Anstifter der Aktion gewesen sei. Und Pascal würde seine Strafe bekommen.

Unmittelbar nach Unterrichtsschluss zitierte er Pascal, Budhi, Marc und Oliver in sein Büro. Die vier sollten stellvertretend für alle Beteiligten zur Kenntnis nehmen, welche Sühne er ihnen auferlegen wollte.

„Ich hätte euch wirklich für intelligenter gehalten", sagte er, nachdem er sie zunächst hatte beruhigen können. Die Polizei würde die Sache weitgehend auf sich beruhen lassen. Allerdings mussten die Schüler sämtliche Schilder noch am Nachmittag wieder ordnungsgemäß an ihren Plätzen befestigen. „Wie konntet ihr nur auf so einen Blödsinn verfallen?"

Budhi und Marc schauten betreten zu Boden, Oliver druckste hilflos, doch Pascal sah seinem Vater kampfeslustig in die Augen.

„Nun gut", fuhr Dr. Stollberg fort, als er keine Antwort erhielt. „Um die leidige Geschichte zum Abschluss zu bringen, schlage ich vor, dass ihr euch auch theoretisch mit der Sache auseinandersetzt. Ich erwarte von euch einen Aufsatz zu dem Thema: ‚Über den Sinn und die Notwendigkeit von Straßen-, Hinweis- und Warnschildern'. Ihr habt zwei Tage Zeit. Noch irgendwelche Fragen?"

Pascals Kumpels schüttelten die Köpfe und wandten sich bedröppelt zur Tür, doch ihr Anführer war nicht gewillt, sich in sein Schicksal zu fügen. „Sehe ich das richtig, du brummst uns eine Strafarbeit auf?"

„Ich würde es eher eine Gelegenheit zum Nachdenken nennen", erwiderte Dr. Stollberg.

„Und was ist mit deiner Strafe? Es war ausgemacht, dass kein Erwachsener in den Probenraum darf."

„Du hast mir wohl nicht richtig zugehört ..."

„Doch", fuhr Pascal ihm über den Mund. „Wir hören dir ständig zu. Du redest und befiehlst und wir sollen alles schlucken. Okay, wir haben was falsch gemacht. Aber du hast unser Vertrauen missbraucht. Hast Zusagen ignoriert. Darüber verlierst du kein Wort."

„Ich sehe da keinen Zusammenhang", verteidigte sich Stollberg matt.

„Ich schon. Verbote gelten nur für Schüler, oder? Du bist der liebe Gott und kannst tun und lassen was du willst."

„Nicht in diesem Ton!"

Doch Pascal war nicht mehr zu stoppen. Im Gegenteil, jetzt schlug er unter die Gürtellinie: „Kein Wunder, dass Mama nicht mit dir zusammenleben wollte."

Und ein weiteres Mal ließ er seinen Vater einfach stehen. Doch damit nicht genug, teilte er ihm wenige Stunden später mit, er habe mit seiner Mutter gesprochen. Lou würde ihn in Moskau erwarten, er habe schon für den nächsten Tag einen Flug gebucht.

Dieser Tag war nun angebrochen. Emanuel Stollberg kannte seinen Sohn zwar erst seit kurzer Zeit, aber er zweifelte nicht daran, dass für den Jungen die Sache entschieden war. Er würde abreisen, ohne Wenn und Aber.

Die Nacht über hatte der enttäuschte Vater angestrengt darüber nachgedacht, ob er nicht einlenken sollte. Zwar war Pascals Reaktion auf die Strafarbeit frech, ja, unverschämt gewesen, aber völlig Unrecht hatte er ja nicht. Stollberg war tatsächlich wortbrüchig geworden.

Schließlich hatte der Schulleiter diesen Gedanken aber wieder verworfen. Seine Aufgabe war es auch, im Internat für Ordnung zu sorgen. Er durfte sich von seinen Zöglingen nicht auf der Nase herumtanzen lassen. Und schon gar nicht von seinem eigenen Sohn. Und so begann er sich langsam damit abzufinden, dass er bald wieder allein sein würde.

Seine Unterrichtsstunden brachte der Direktor an diesem Tag mehr schlecht als recht hinter sich. Er war nervös und fahrig und ertappte sich mehrmals dabei, dass er mit seinen Gedanken ganz woanders war. Die Schüler bemerkten das sehr wohl, brachten aber Verständnis für ihren Guppy auf. Denn natürlich wussten mittlerweile alle, dass Pascal seine Koffer gepackt hatte und sie heute noch verlassen würde.

Marc unternahm nach dem Mittagessen einen letzten Versuch, seinen Zimmergenossen umzustimmen. Doch der gab sich unversöhnlich und drehte eine letzte Runde durch Schloss Einstein, um sich zu verabschieden.

Kurz nach 15 Uhr saß er neben seinem Vater in dessen dunkelgrauem Audi. Da es stark geschneit hatte, fuhr Dr. Stollberg äußerst vorsichtig. Zwar war der Räumdienst schon unterwegs gewesen, doch die alte Kopfsteinpflasterstraße, die zum Dorf und von dort weiter zur Landstraße nach Berlin führte, galt als äußerst gefährlich.

Als das Fahrzeug hinter Seelitz in den Wald einbog, waren zehn Minuten verstrichen, ohne dass einer von beiden ein Wort gesagt hätte. Das Radio lief und der Sprecher verlas die Verkehrsnachrichten.

„Hast du dir das auch gut überlegt?“, brach der Fahrer endlich das Schweigen. „Du willst wirklich nach Moskau?“

„Was gibt's da noch zu überlegen?“, antwortete Pascal genervt. „Die Sache ist beschlossen. Außerdem ist dir das doch sowieso scheißegal.“

Im Kopf des Vaters fuhren die Gedanken Achterbahn. Zwölf Jahre hatte er seinen Sohn nicht gesehen und jetzt sollte er ihn nach kaum mehr als zwei Wochen schon wieder hergeben? Gewiss, der Junge war nicht leicht zu nehmen, Lou hatte ihn nach Strich und Faden verwöhnt und zu einem kleinen Tyrannen erzogen. Er war eigensinnig, rechthaberisch und oft auch aufsässig. Und doch war er sein Sohn. Wenn Stollberg ihn jetzt reisen ließ, musste er sich eingestehen, dass er als Vater gescheitert war.

Und auf einmal war er wild entschlossen zu kämpfen. Er steuerte den Wagen in einen kleinen Seitenweg und hielt an.

Pascal wunderte sich. „Was ist denn los?"

„Was los ist?" Sein Vater legte die Hände aufs Steuerrad und drehte den Kopf zu ihm. „Kannst du dir das nicht denken? Ich will nicht, dass du abreist."

Für einen Moment war der Junge sprachlos. „Hab ich jetzt richtig verstanden?"

„Ja. Du bleibst hier. Zumindest für das nächste halbe Jahr. So wie wir es verabredet haben."

„Hey, der Flug ist gebucht und in Moskau wartet meine Mutter auf mich."

„Das Ticket lässt sich stornieren und Lou können wir anrufen. Also, was ist?"

Pascal wirkte unentschlossen. Das ist doch nicht dein Ernst?"

„Und ob", bestätigte Stollberg.

Jetzt zeichnete sich ein ironisches Lächeln auf Pascals Lippen ab. „Da staun' ich aber. Auf einmal gefällt's dem hohen Herrn, dass ich bleibe. Woher kommt nur dieser plötzliche Sinneswandel? Hast du Angst, vor Lou die Hosen runterzulassen? Oder vor deinen Kollegen? Der erfahrene Superpädagoge Dr. Emanuel Stollberg hat bei seinem eigenen Sohn versagt. Nee, das schmink dir mal ab."

„Ist das dein letztes Wort?", fragte der zurückgewiesene Vater mit erstaunlich ruhiger Stimme.

„Darauf kannst du wetten."

Im nächsten Augenblick fiel dem eben noch so überheblichen 14-Jährigen die Kinnlade runter. Sein Vater öffnete die Fahrertür, stieg aus, ging mit gemessenen Schritten zum Kofferraum und begann Pascals Habseligkeiten auszuladen.

Fassungslos kam nun auch Pascal aus dem Auto und stapfte durch den knöcheltiefen Schnee.

„Willst du mir vielleicht mal erklären, was das soll?"

„Nun", erwiderte Dr. Stollberg kühl, „wenn du nach Moskau willst, dann sieh zu, wie du hinkommst."

„Du kannst mich doch nicht einfach hier im Schnee stehen lassen", protestierte Pascal.

„Und ob ich das kann." Stollberg setzte sich wieder in den Wagen. „Was du kannst, kann ich schon lange. Hast du mich etwa vorgewarnt? Dich angemeldet? Nein, hast du nicht. Du bist einfach in mein Büro reingeschneit, wie Karlsson vom Dach, und hast verkündet: ‚Hi Papa, hier bin ich. Und ich bleib jetzt bei dir.' Wie Lou und ich damit zurechtkommen, hat dich einen Dreck gekümmert. Und jetzt kümmerts mich nicht, wie du hier wegkommst. Versuchs doch per Anhalter."

Er stieg ein, ließ den Motor an und fuhr langsam auf die Straße zurück. Pascal stand da wie ein begossener Pudel und blickte ihm fassungslos hinterher. Nach zehn Metern hielt der Wagen noch einmal an. Der Fahrer öffnete die Tür, beugte sich halb heraus und rief: „Letzte Chance: Entweder mit dem Auto zurück ins Internat oder per pedes zum Flughafen."

Nach kurzem Zögern warf Pascal seinen Rucksack über die Schulter und nahm den Koffer in die rechte Hand. Mit langsamen Schritten näherte er sich dem Auto. „Das ist glatte Erpressung", sagte er, während er sein Gepäck im Kofferraum verstaute.

„Nenn es, wie du willst. Hauptsache, du kommst mit."

Einige Minuten fuhren Vater und Sohn schweigend zurück Richtung Seelitz. Pascal war ungewohnt nachdenklich.

„Du willst wirklich, dass ich bei dir bleibe?", fragte er zögerlich.

„Dafür, dass du mein Sohn bist, hast du 'ne erstaunlich lange Leitung", erwiderte Dr. Stollberg grinsend.

„Also okay." Pascal stöhnte. „Aber bild dir nur nicht ein, dass du mich mit dieser Nummer bereits als Vater überzeugt hast."

Diesmal war Stollberg um eine Antwort nicht verlegen. „Gut für dich, dass es keine Prüfungen für Söhne gibt."

„Hast du noch mehr solche Sprüche drauf?"

„Worauf du dich verlassen kannst." Dr. Stollberg schaltete das Radio ein. Er fühlte sich gut und klopfte im Takt der Musik aufs Lenkrad. „Also, musikalisch bist du ziemlich neben der Kappe", sagte Pascal. Dr. Stollberg blickte kurz zur Seite und sah, dass sein Sprössling selbstbewusst grinste. Er war wieder ganz der Alte. Es würde garantiert noch jede Menge Schwierigkeiten mit ihm geben. Aber so gehörte es sich schließlich ja auch zwischen Vätern und Söhnen.

Weitere Schloss Einstein-Bücher

vgs verlagsgesellschaft, Köln

Uschi Flacke

Schloss Einstein

Schmetterlinge im Bauch

Roman

Seit dem nächtlichen Schilderklau schweben Nadine und Oliver auf Wolke sieben: Sie haben sich total ineinander verknallt. Doch die große Liebe beschert den beiden nicht nur die berühmten Schmetterlinge im Bauch, sondern auch einige unvorhergesehene Probleme. Das „richtige" Küssen etwa will gelernt sein. Und neugierige Eltern können ganz schön nerven, was Nadines Mutter nachdrücklich unter Beweis stellt. Olivers Eltern geben sich da schon zurückhaltender. Allerdings haben sie auch ganz andere Probleme. Denn der Geschäftsmann zeigt ein nicht nur berufliches Interesse an seiner jungen, attraktiven Angestellten Linda …

vgs verlagsgesellschaft, Köln

Simon Hauser

Die Pfefferkörner

Alarm im Freihafen

Roman

„Die Pfefferkörner“ sind fünf junge Spürnasen, deren Hauptquartier ein alter Dachboden in der Hamburger Speicherstadt ist. Von hier aus klären Jana, Natascha, Vivi, Cem und Fiete immer wieder mysteriöse Verbrechen auf. Gleich ihr erster Fall entwickelt sich dramatisch. Zwei Jugendliche treiben in der Speicherstadt Schutzgelder ein. Auch Natascha wird zum „Teilen“ gezwungen. Doch die Abzieher haben die Rechnung ohne die Freunde des Mädchens gemacht … Kaum haben die Detektive den Erpressern das Handwerk gelegt, müssen sie erneut eingreifen. Im Freihafen geht das große Feuerwerk zum Hafengeburtstag vorzeitig in Flammen auf. Alles spricht für Brandstiftung – nur die Beweise fehlen.

vgs verlagsgesellschaft, Köln

Ulrieke Ruwisch

Unser Charly

Die Tierschmugglerbande

Roman

Ein Frachter tuckert gemächlich über die Spree Auf den ersten Blick scheint alles völlig normal zu sein. Im Laderaum des Schiffes jedoch herrscht eine gespentische Atmosphäre: Dicht gedrängt stehen hier Käfige mit exotischen Tieren, die nach Berlin geschmuggelt worden sind. Eine dieser unwürdigen Behausungen beherbergt einen Schimpansen. Der denkt jedoch nicht im Traum daran, sich widerstandslos einem ungewissen Schicksal zu ergeben. Und da die Tierschmuggler nicht gerade zu den Hellsten gehören, gelingt es dem cleveren Menschenaffen schließlich, sich zu befreien. Ziellos wandert der Flüchtling durch die fremde Stadt – bis er einem kleinen Mädchen mit roten Locken begegnet …

vgs verlagsgesellschaft, Köln